사랑 ♥ 이유식
유아식

일러두기

* 최근 새롭게 업데이트된 최신 이유식 지침을 반영했어요.
* 요리, 음식 이름은 외래어 표기법보다 우리가 흔히 쓰는 말을 따랐어요.
* 현미, 흑미는 엄밀히 말해 잡곡이 아니지만, 이 책에서는 잡곡에 포함해 설명했어요.
* 계란 알레르기 있는 아기를 위한 'NO EGG' 계란 없는 레시피를 담았어요.
* 아기가 밥을 잘 안 먹는 시기를 뜻하는 '밥태기' SOS 레시피를 별도로 구성했어요.

예쁘고 맛있고 건강한 '탄단채' 영양 밸런스 레시피

사랑  이유식 유아식

LOVE BABY FOOD

김하은, 김환 (하이델빌리지) 지음

실버 버튼
유튜버
누적 조회수
3억뷰

온포인트

이 과정 자체가 '사랑'입니다!

입맛 까다로운 사랑이 덕분에 책까지 쓰게 된 사랑맘입니다 🖤

혹시 상상해 보셨나요? 아기가 혀로 살짝 맛보고, 이 음식을 입에 넣을지 말지 고민하는 모습을 말이에요. 맛이 없으면 가차없어요. 밀어내고 뱉어내고 급기야 그릇째 던져버립니다. 맛있어야 그제야 오물오물 먹기 시작해요. 혀끝에서 '통과'한 음식만이 사랑이 빵빵한 아랫배에 도달할 수 있는 자격이 주어져요.

아기가 더 먹고 덜 먹는 것에 일희일비하지 말자고 책에 써놓은 저도, 사실은 아기가 먹어주면 세상 기쁘고 안 먹으면 좌절하는 똑같은 엄마예요. 처음 막막함과 두려움 속에 이유식을 시작했던 때가 엊그제 같은데요. 첫 시도에 비율이 딱 맞아떨어져 사진으로만 보던 쌀미음이 내 눈앞에 있는 게 그저 신기하더라고요. 사랑이 그 작은 입에 더 작은 숟가락이 들어갔다 나오는 것도 놀랍고, 그렇게 한 그릇을 싹싹 다 먹었는데 탈도 안 나고 소화되고 있다는 게 어찌나 감사한지요. 그 기뻤던 기억이 보석처럼 마음에 박혀있어요.

아기가 매번 잘 먹어주면 좋겠지만, 안 먹어줄 때도 많았어요. 정성껏 만든 아기 음식을 한 입도 안 먹어주면 정말 속상해요. 게다가 하루, 이틀, 사흘, 나흘… 아기가 안 먹는 기간이 길어지면, 고민하고 자책하는 시간도 길어집니다. '왜 안 먹지? 내가 뭘 잘못했나?' 밥태기를 겪어본 사람만 알 텐데 그 답답함, 막막함이 상상을 초월해요. 저는 이 시기가 컴컴한 동굴처럼 느껴졌어요. 언제 끝날지도 모르겠고, 마치 출산하는 것처럼 두렵기도 했어요. 탈출구 없는 긴 여정을 시작한 것만 같았어요.

그 누구도 정답을 가르쳐 주진 않았어요. 공식이 있는 것도 아니고요. 검색하면 비슷한 말들은 많은데, 막상 해보면 크게 도움이 안 돼서 답답했어요. 뭐든 부딪혀볼 수밖에 없었어요.

저는 평소 양식 요리를 즐겨하고, 건강식에 관심이 많아요. 제가 맛있게 먹고 소화 잘된 건강한 메뉴를 아기 버전으로 재해석해 보기로 했어요. '내가 좋아하는 거면 먹지 않을까? 나를 닮았다면!' 이렇게 한 걸음, 한 걸음 극복해 나갔어요.

세 가지를 목표로 했어요. 맛있고, 건강하고, 예쁘게! 간을 하지 않고 조미료 없이 맛을 내기 위해 머리 싸매고 아기 요리 레시피를 만들었어요. 멀쩡한 재료를 버려가면서 황금비율을 찾아내고, 신선한 제철 재료에서 천연의 맛을 끌어올렸어요. 한 번 먹어줄 때, 한 숟가락 안에 영양을 하나라도 더 넣기 위해 노력했어요. 너무 소중한 한 입을 위해 영양을 배로 넣어야 했어요. 또 보기 좋게, 집어 먹기 좋게, 아기가 좋아하는 모양으로 만들었어요.

이유식을 만드는 정성이 연애할 때 쏟는 노력과 비슷한 것 같아요. 사랑하는 사람을 위해 도시락을 싸듯 아기를 위해 요리하면 참 설레잖아요. 마음을 쓰고 정성을 다해요. 이런 사랑에 사랑이도 감동해 준 걸까요? 긴 밥태기를 끝내고 맛있게 먹어준 메뉴들이 생겨났어요. 만들면서 엄마도 기분 좋아지는 메뉴! 요리 자존감도 올라가더라고요. 어른이 먹어도 맛있고 영양도 충족돼요. 너무 기쁜 마음에 영상으로 밥태기 메뉴를 공유했고, 감동의 후기가 날아들었어요.

"진짜 안 먹는 아기인데, 신기하게 사랑맘 메뉴는 먹어요!"

와, 얼마나 기뻤는지 몰라요. 밥태기로 격하게 힘들었던 저에게 누군가 도움을 받았다는 소식이 정말 감동이었어요. 누군가가 힘든 상황일 때 내 작은 노력이 닿아서 그 사람의 고민을 해소한 경험이 참 소중하고 놀라웠어요. 사실 이 책은 이 긍정적인 경험을 더 확장하고 싶은 마음에 쓰게 됐어요. 출판사에서는 이 말을 싫어할지 모르지만(!), 책을 많이 파는 것보다 이유식·유아식으로 고민하고 있는 단 한 분에게라도 도움을 드리고 싶었어요.

동지들에게 감히 말씀드려요. 밥태기는 끝납니다! 하지만 또 올 수 있어요! 마치 감기 같은 거예요. 그저 아기가 온전한 사람이 되어가는 과정이라고 생각해 주세요. 아기가 안 먹을 때 저 역시 너무 속상했지만, 지금 돌아보면 그것도 즐거운 추억이고 엄마로서 성장하는 과정이었어요. 오늘도 '열심히 만든 아기 밥을 안 먹어서 너무 속상하다'는 메시지가 와요. 이런 동지들에게 '이유식을 만드는 과정이 사랑이고, 엄마의 존재 자체가 사랑이다'라고 말하고 싶어요.

돌아보니 오늘 꼭 이유식을 먹여야 하는 목표만 중요한 건 아니었어요. 아기에게 맛있는 음식을 먹

이기 위해 치열하게 노력한 그 과정과 엄마라는 존재가 온전한 사랑이에요. 그래서 책 제목을 '사랑 이유식·유아식'이라고 했어요.

육아가 힘들고 버거울 때 전 출산 전을 떠올려요. 저는 일찍 가정을 꾸리고 싶었어요. 스무 살에 남편을 만나서 스물네 살에 결혼했어요. 당연히 아기가 쉽게 생길 줄 알았는데, 세상 내 맘대로 되지 않는 게 임신이더라고요. 기다림 끝에 마음을 내려놓은 순간, 아기가 생겼어요. 기적처럼 우리에게 와준 아기의 태명은 축복이. 그런데 출산을 앞두고 혈액형이 RH-이지도, RH+이지도 않은 게 문제가 되었어요. 결국 대학병원까지 가서 재검에 재검을 받았음에도 결론이 나지 않았어요. 출산 시 위급상황이 생기면, 모든 종류의 혈액을 다 준비해야 하는 상황이었어요.

그런데 저는 자연주의 출산에 대한 꿈이 있었어요. 알아가면 알아갈수록 그 꿈은 더 커졌어요. 주변의 걱정에도 불구하고, 저는 조용히 그 꿈을 이루기 위해 차근차근 최선을 다해 준비했어요. 진통제나 분만유도제 등의 약물을 쓰지 않고, 17시간 30분의 진통을 오롯이 겪어내며 마침내 축복이를 제품에 안았어요. 그 기쁨은 그 어떤 말로 표현이 될까요? 아마 세상 모든 엄마들에게 이 순간은 평생 잊지 못할 기억으로 남아있을 거예요.

사랑이가 처음 '엄-마'라고 불러준 영상이 많은 사랑을 받았어요. 정말 수많은 댓글이 달렸어요. '우리 아기도 저럴 때가 있었는데…' '그때 생각이 너무 나서 눈물이 납니다. 그립습니다' '저만했던 아기가 어느덧 스무 살이 되었네요' '벌써 30년의 세월이 훌쩍 지나서 아이가 서른이 되었어요' '저 때는 힘들다고 생각했는데, 가장 소중하고 행복한 시기였다는 걸 몰랐어요' 저보다 삶을 앞서 사신 분들의 이야기를 읽다 보면 '아, 나는 지금 저분들이 그리워하는 그 시간에 놓여 있구나' 생각하게 돼요. 다시 돌아오지 않을 이 시간, 하루하루 감사하면서 살아내자고 다짐하게 됩니다.

지금 우리는 축제 같은 시간을 건너고 있어요. 이유식은 우리 삶에 찾아와준 축복인 아기에게 서툰 솜씨와 정성으로 줄 수 있는 첫 번째 선물이라고 생각합니다. 밥을 잘 먹지 않는 과정까지도 분명 추억이 될 거예요. 이 모든 과정을 함께 소중히 그리고 감사히 즐겼으면 좋겠습니다. 이제 혼자가 아니라 저도 함께 가고 있다는 걸 기억해 주세요. 똑같은 과정을 겪고 있고, 앞으로도 함께 겪어나갈 친구가 항상 옆에 있어요. 그런 든든함을 줄 수 있는 책이 되고 싶습니다.

차례

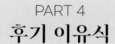

PART 4
후기 이유식

PART 5
완료기·유아식

PART 6
밥태기

· SOS 황금 레시피 ·

+계란 없는 레시피

PART 1

이유식·유아식 준비하기

preparing homemade baby food

이유식·유아식 준비하기

·아기 메뉴 미리 보기·

우리 아기가 어떤 메뉴를 먹게 될지 빠르게 훑어볼까요? 사랑맘이 진심을 다해 개발한 아기 메뉴를 공개합니다. 예쁘고 맛도 좋은데 영양까지 가득한 이유식·유아식 메뉴들, 눈으로 먼저 감상하세요!

Super Food

슈퍼푸드로 만든 이유식·유아식

사랑이에게 영양분이 특히 더 풍부한 '슈퍼푸드'를 최대한 많이 먹이려고 노력했어요. 세계적으로 손꼽히는 슈퍼푸드 중에서도 아기에게 먹이기 적절한 것을 추렸고, 슈퍼푸드를 활용한 이유식·유아식 레시피를 끊임없이 시도했어요. 국내 자료뿐만 아니라 해외 베이비푸드 책을 뒤져가면서 각 식품의 효능을 공부하고, 최고의 조합을 찾아서 마침내! 맛있는 레시피를 만들어냈답니다. 슈퍼푸드로 만든 아기 요리들, 동지들도 꼭 도전해 보세요!

BROCCOLI

1. 브로콜리

브로콜리에는 비타민 C, 베타카로틴 등 항산화 물질이 다량 함유돼 있어요. 비타민C가 무려 레몬의 2배, 감자의 7배에 달할 정도로 풍부하고요. 비타민 A로 변환되기 전단계 물질인 베타카로틴 역시 유해산소를 없애 암, 심장병 등을 예방한다고 해요. 섬유질과 엽산, 칼륨도 풍부해 면역 기능, 뼈 건강, 전반적인 성장에도 기여한답니다. 브로콜리를 곱게 갈거나 잘게 다져서 다양한 레시피에 활용해 봤어요.

* 브로콜리 레시피

브로콜리(초기 이유식) p.096 │ **브나나빵**(밥태기) p.346 │ **브로콜리치즈소고기전**(밥태기) p.374

2. 블루베리

BLUEBERRY

블루베리의 효능과 관련해 재밌는 유래가 있어요. 제2차 세계대전 중에 영국 공군의 조종사가 빵에 블루베리를 두툼하게 발라 먹었는데, "희미한 빛 속에서도 물체가 잘 보였다"라고 증언했대요. 이를 계기로 훗날 학자들이 연구한 결과, 시력 개선 효과가 입증됐답니다. 블루베리 색소가 눈 속 망막의 로돕신이라는 물질의 재합성을 촉진하고 활성화했기 때문이에요. 뿐만 아니라 섬유질이 풍부해 장 건강을 돕고, 항염증과 항산화에도 효과 만점! 알갱이 톡톡 터지는 식감으로 요거트의 토핑뿐만 아니라 베이킹에도 활용된답니다.

* 블루베리 레시피

블루베리 데일리스무디(완료기·유아식) p.314 │ **리얼프렌치토스트**(완료기·유아식) p.296 │ **바블모닝빵**(중기 이유식) p.178

3. 시금치

녹황색 채소의 대표 주자인 시금치는 베타카로틴을 비롯해 비타민 B, C, 철분, 칼슘 등이 풍부해서 허약 체질이나 성장기 아이에게 추천하는 채소예요. 잎 부분에 풍부한 비타민 C는 감기 예방, 피로 회복에 도움을 주지요. 영양 만점 시금치를 데치고 갈고 다져서 아기에게 먹일 이유식·유아식을 만들어봤습니다.

SPINACH

* 시금치 레시피

시금치순삭 스크램블(완료기·유아식) p.268 | **그린오렌지브레드**(밥태기) p.396 | **스위트 그린브레드**(완료기·유아식) p.294

4. 토마토

토마토가 빨갛게 익어가면 의사 얼굴은 파래진다고 하죠? 병원 갈 일 없게 만드는 슈퍼푸드예요. 토마토는 생리 활성 물질과 비타민 C, K 등이 풍부해요. 빨간색의 '라이코펜'은 동맥경화를 유발하는 나쁜 콜레스테롤이 혈액에 축적되는 것을 방지해 줘요. 게다가 열을 가하면 라이코펜이 토마토의 세포벽 밖으로 빠져나와 우리 몸에 더 잘 흡수되는 형태가 돼요. 영양가를 훨씬 더 끌어올리는 조리법의 토마토 요리들, 꼭 한 번 해보세요!

TOMATO

* 토마토 레시피

베이비라구소스파스타(밥태기) p.328 | **토마토스튜**(완료기·유아식) p.292 | **베이비토마토수프**(밥태기) p.338

AVOCADO

5. 아보카도

아보카도는 건강한 지방과 섬유질, 다양한 비타민과 미네랄이 듬뿍 들어간 대표적인 슈퍼푸드예요. 으깨기 쉽고 크리미한 식감, 고소하고 풍부한 맛으로 이유식·유아식의 좋은 재료가 돼요. 바나나, 토마토, 양파와도 잘 어울리고, 소고기의 식감을 숨기기도 좋아요. 집에 떨어지지 않고 항상 구비해 두는 과일이랍니다.

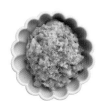

* **아보카도 레시피**

바나나아보카도퓨레(중기 이유식) p.164 | **베이비과카몰리**(밥태기) p.336 | **소고기과카몰리**(밥태기) p.366

SWEET
POTATO

6. 고구마

복합 탄수화물이 풍부해 아기의 건강한 에너지원이 돼요. 비타민과 식이섬유가 들어 있어 면역력, 위장 건강에도 좋아요. 단맛도 있고 익혔을 때 잘 으깨지고 뭉쳐지는 특성이 있어서 건강빵, 스틱, 스쿱, 볼 등의 형태로 반죽해서 구울 수 있어요. 이유식·유아식에서 다방면으로 활약이 돋보이는 재료랍니다.

* **고구마 레시피**

고구마애플스쿱(후기 이유식) p.244 | **고구마라떼케이크**(완료기·유아식) p.300 | **고구마깨찰스틱**(완료기·유아식) p.308

BEAT

7. 비트

강렬한 붉은색으로 압도적 존재감을 자랑하는 채소예요. '베타인'이라는 천연 색소가 강력한 항염증 효과를 가져요. 비타민 B와 C, 철분이 풍부해 면역을 높이고 혈액 형성에 도움을 줘요. 진하고 활기 넘치는 색이 눈길을 사로잡고, 영양까지 꽉 잡아주는 기특한 재료랍니다. 상큼하고 개운한 맛은 덤이에요!

* **비트 레시피**

비트(중기 이유식) p.156 | **슈퍼더블범벅**(중기 이유식) p.168 | **슈퍼레드파운드**(밥태기) p.350

BEAN

8. 콩

남미 에콰도르의 빌카밤바 마을은 세계적인 장수촌 중 하나예요. 이 지역 장수 노인들의 건강 묘약은 단연 콩! 모든 주민이 유기농으로 재배한 콩을 주식으로 먹는답니다. 우리나라 장수마을도 마찬가지로 콩과 미늘 수확량이 많은 지역에 분포한다고 해요. 콩에 들어 있는 단백질은 농작물 중 최고예요. 게다가 탄수화물, 단백질, 식이섬유, 비타민, 무기질까지 각종 영양소 또한 풍부하답니다. 익혀 먹으면 소화가 잘되고, 특히 두부로 섭취했을 때 95%의 소화 흡수율을 자랑한다니! 이게 바로 푹 익힌 콩과 두부를 아기에게 열심히 먹여야 할 이유겠지요?

* **콩 레시피**

병아리콩(후기 이유식) p.228 | **완두콩**(후기 이유식) p.208 | **베이비콩국수**(밥태기) p.356

9. 퀴노아

QUINOA

고대 잉카어로 '곡물의 어머니'라고 불릴 정도로 빈틈없이 영양이 풍부해요. 질 좋은 탄수화물은 물론이고, 단백질, 섬유질, 미네랄, 비타민, 철분, 마그네슘까지 꽉 찬 영양을 자랑합니다. '글루텐 프리' 곡물이기도 해서 쌀과 함께 자주 섞어 먹이고, 각종 아기 요리에도 잘 활용하고 있어요. 제철 딸기와 만나면 상큼한 딸기떡이 되고, 붉은 비트와 버무려 개운한 범벅으로 주기도 했답니다.

* 퀴노아 레시피

퀴노아쌀죽(중기 이유식) p.146 | **슈퍼딸기떡케이크**(밥태기) p.348 | **슈퍼더블범벅**(중기 이유식) p.168

10. 단호박

AUTUMN
SQUASH

껍질은 단단하지만 푹 익혀 노란 속살을 파먹으면, 부드러운 식감과 달콤한 맛이 매력적인 채소예요. 베타카로틴이 풍부해 눈 건강, 피부 건강에 좋고, 비타민E가 함유돼 세포 손상을 예방하고 면역을 높여요. 죽, 샐러드, 수프, 퓨레, 빵 등 다양하고 맛있는 단호박 요리를 만들 수 있어요.

* 단호박 레시피

단호박(초기 이유식) p.102 | **단호박퓨레**(초기 이유식) p.106 | **건강가득 단호박케이크**(후기 이유식) p.238

11. 오트밀

귀리를 먹기 좋게 부수거나 납작하게 누른 곡물이 바로 오트밀이에요. 천천히 소화 흡수되어 포만감을 유지하고, 당을 급격히 올리지 않아 건강한 탄수화물 공급원으로 각광받고 있죠. 오트밀을 갈고 끓여서 죽의 형태로 섭취해도 되고요. 오트밀과 신선한 채소를 갈아 빵을 구우면 건강하고 간편하게 한 끼를 해결할 수 있어요.

OATMEAL

* 오트밀 레시피

오트밀(초기 이유식) p.086 | **브나나빵**(밥태기) p.346 | **스위트그린브레드**(완료기·유아식) p.294

12. 케일

녹황색 채소 중 베타카로틴이 가장 풍부한 슈퍼푸드예요. 베타카로틴은 우리 몸에서 비타민 A로 변환돼 사용되는 프로비타민A의 일종이에요. 강력한 항산화 작용을 하며, 시력 개선에 효과적이고, 면역을 키우는 역할도 해요. 비타민 C, K, 식이섬유도 풍부해 피로 회복, 혈액 응고, 뼈 건강에도 좋다니 정말 다재다능한 채소죠? 아기가 밥을 잘 안 먹는 시기에 포케볼 사이에 쏙쏙 넣어두면, 엄마 마음이 든든합니다.

KALE

* 케일 레시피

케일(후기 이유식) p.206 | **기적의 포케볼**(밥태기) p.322 | **슈퍼비프말이**(밥태기) p.362

YOGURT

13. 요거트

요거트에 풍부한 프로바이오틱스는 장내 유익균을 증식시키고, 유해균을 억제하는 효과가 있어요. 장내 환경이 개선되면 장내에 포진한 면역 세포가 튼튼해져요. 다양한 질병으로부터 몸을 보호하는 힘도 생기고요. 요거트를 각종 과일과 함께 곁들여 요거트볼로 먹어도 좋고요. 쿠키나 도넛 구울 때 넣으면 새콤한 풍미와 쫀득한 식감이 살아나요. 다양하게 활용하며 아기 건강을 지켜보세요.

＊요거트 레시피

슈퍼요거트볼(중기 이유식) p.180 | **고구마라이스쿠키**(완료기·유아식) p.312 | **볼통통 요거트도넛**(완료기·유아식) p.306

NUT

14. 견과류

견과류 역시 각종 비타민, 미네랄, 불포화 지방산이 풍부한 슈퍼푸드예요. 하지만 아직 씹는 힘이 약한 아기에게 견과류를 통째로 주기엔 위험해요. 6개월 이후에 땅콩이 갈아진 땅콩버터를 테스트해 보길 권해요. 땅콩처럼 예민한 식재료의 도입을 굳이 미루기보다 일찍 먹이는 게 오히려 알레르기 예방에 도움이 된다고 해요. 땅콩버터는 땅콩 100%의 제품을 사용하면 됩니다.

＊견과류 레시피

땅바푸딩(중기 이유식) p.176 | **유니크 두부바나나바게트**(후기 이유식) p.242 | **호두바나나 라이스쿠키**(완료기·유아식) p.310

Seasonal Menu

제철 식재료로 만든 이유식·유아식

요즘은 하우스 재배나 냉동 보관이 가능해져서 사시사철 접할 수 있는 식재료가 많아졌어요. 하지만 제철 식재료의 신선도와 맛, 영양은 반박하기 어려울 만큼 월등하지요. 이유식·유아식을 먹일 시기에는 아무래도 조미료나 양념을 최대한 덜 쓸 수밖에 없는데요. 제철에 한껏 차오른 맛, 자연이 선물한 깊고 풍부한 영양 이 모두를 충분히 누리고 경험해 봐요!

1. 겨울 딸기 : 12~3월경

원래 노지 딸기는 5월, 즉 봄이 제철이었는데요. 노지 딸기가 거의 사라지고 하우스 딸기가 시장을 점령한 요즘, 12~3월경 딸기가 훨씬 더 풍성하고 맛있어요. 제철이 아닌 딸기는 가격도 너무 비싸고, 아무래도 당도도 좀 떨어져요. 제철 딸기로 시원한 샤베트를 만들어 디저트로 먹여보세요! 밥 안 먹는 시기엔 탄수화물을 더해 딸기떡을 해먹여도 굿굿! 두 메뉴 모두 사랑이가 정말 잘 먹어준 메뉴예요.

* 겨울 딸기 레시피

슈퍼딸기떡케이크 (밥태기) p.348 | **베이비딸기샤베트** (완료기·유아식) p.316

2. 겨울 시금치 : 11~3월경

한겨울 노지에서 재배한 시금치는 얼었다 녹았다를 반복하며 단맛과 영양을 축적해요. 특히 남부 지방에서 재배하는 포항초, 섬초, 남해초 등의 시금치는 최상의 품질을 자랑한답니다. 여름에도 시금치가 재배되지만, 성장이 빠른 만큼 확실히 맛과 식감이 떨어져요. 한겨울 맛과 영양이 최고일 때 꼭 아기 시금치 요리를 만들어 보세요.

* 겨울 시금치 레시피

시금치 (중기 이유식) p.136 | **시금치순삭 스크램블** (완료기·유아식) p.268 | **시금치토마토 프리타타김밥** (완료기·유아식) p.250

3. 겨울 우엉 : 1~3월

우엉은 거의 사계절 내내 먹을 수 있는 뿌리채소인데요. 겨울에 제철을 맞으면 맛과 식감이 더욱 좋아져요. 제철 우엉의 달달한 맛을 꼭 사랑이에게 경험하게 해주고 싶어서 요렇게 맛있는 아기 카레를 만들었어요. 결과는 대성공! 밥태기를 극복하게 해준 최고의 겨울 메뉴가 되었답니다. 우엉은 카레와 너무 잘 어울리는 식재료예요. 이제 아기 요리에서 우엉이라는 식재료가 생소하다는 생각, 말끔히 버려주세요.

＊ 겨울 우엉 레시피

리얼베이비 소고기우엉카레 (완료기·유아식) p.258 ｜ **삐뽀삐뽀 기적의카레** (밥태기) p.334

4. 봄 감자 : 6월

감자 역시 사계절 먹는 데 무리가 없는데요. 우리나라에서 가장 인기 있는 품종인 수미감자는 3~4월 경에 씨감자를 파종해 5~6월 봄에 수확해요. 이 시기에 수확하는 감자를 하지감자라고도 해요. 하지는 양력 6월 21일경, 낮이 가장 길고 밤이 가장 짧은 시기를 뜻해요. 이 시기에 수확한 수미감자는 포슬포슬한 식감과 고소한 맛이 일품이지요. 그냥 먹어도 맛있지만, 감자 요리를 해주면 아기가 너무 잘 먹어줄 거예요.

＊ 봄 감자 레시피

기적의 포케볼 (밥태기) p.322 ｜ **베이비감자수프** (밥태기) p.340 ｜ **쌀반죽 베이비영양수제비** (밥태기) p.344

5. 여름 토마토 : 7~9월

토마토는 사계절 구하기 쉬운 채소이지만, 한여름 뙤약볕을 쬐며 익은 제철 토마토의 맛을 따라갈 순 없어요. 신선한 토마토로 해줄 수 있는 최고의 아기 요리를 소개할게요. 여름철 입맛 돋우는 새콤달콤 비빔국수, 휘리릭 뚝딱 간편하고 맛있는 토마토양파 계란볶음 그리고 어떤 요리든 찍어 먹고 뿌려 먹으면 다 맛있어지는 수제케첩까지! 꼭 한번 만들어보세요.

* 여름 토마토 레시피

새콤달콤 닭고기토마토비빔국수(완료기·유아식) p.262 | **토마토양파 계란볶음**(완료기·유아식) p.272 | **베이비이지케첩**(밥태기) p.400

6. 여름 옥수수 : 7~8월

한여름 매미 울음소리를 들으며 옥수수 하모니카를 부는 행복! 그 어느 계절도 대체할 수 없는 낭만적인 장면입니다. 사랑이는 옥수수를 너무 좋아해요. 알이 꽉 찬 찰옥수수를 손질해서 후기 때 토핑으로 주었는데, 어느새 훌쩍 커서 통째로 잡고 열심히 옥수수알을 뜯어 먹고 있더라고요. 옥수수를 활용한 빵도 구워봤어요. 옥수수를 좋아하는 아기라면 꼭 맛보게 해주세요!

* 여름 옥수수 레시피

옥수수(후기 이유식) p.218 | **숨어라당근옥수수빵**(완료기·유아식) p.302

APPLE

7. 가을 사과 : 10~12월

가을 과일의 대표 주자인 사과! 역시 보관을 잘하면 사철 먹을 수 있지만, 햇사과의 상큼함과 달콤함은 절대 이길 수 없어요. 사과는 이유식 초기에 먹이기 좋은 대표적인 과일이에요. 익히고 갈아서 퓨레로 먹고, 잘게 다져 요거트에 뿌려도 먹다가, 건강 빵을 구워서 제공하기도 했어요. 영양 만점 제철 사과로 아기 건강 든든하게 챙겨봐요.

* **가을 사과 레시피**

사과퓨레 (초기 이유식) p.104 │ **건강 CCA빵** (밥태기) p.394 │ **사과배소보로푸딩빵** (완료기·유아식) p.298

CHESTNUT
&
WALNUT

8. 가을 밤·호두 : 10월

가을철 나무 끝에서 알차게 영그는 햇밤, 햇호두 역시 아기에게 꼭 주고 싶은 선물이에요. 복합 탄수화물과 비타민이 풍부한 밤, 오메가3 지방산이 풍부해 두뇌 발달을 돕는 호두, 둘 다 놓칠 수 없어요. 찐밤 그대로 포슬포슬 맛있지만, 밤을 재료로 빵을 구워도 맛있어요. 호두를 넣은 쿠키 레시피 역시 보물이에요. 아기도 잘 먹지만 엄마도 절대 멈출 수 없는 마성의 간식이랍니다.

* **가을 밤·호두 레시피**

밤 (후기 이유식) p.220 │ **바밤빵** (완료기·유아식) p.304 │ **호두바나나 라이스쿠키** (완료기·유아식) p.310

9. 겨울 대구 : 12~2월

겨울에 포동포동 살을 채운 대구의 맛은 고소하고 담백하기 이를 데 없어요. 단백질을 신경 써서 섭취해야 하는 시기, 이유식 첫 생선으로 대구살은 손색 없지요. 대구는 오메가3와 비타민도 풍부한 흰살생선이에요. 푹 익힌 대구살의 가시를 꼼꼼히 발라 아기에게 토핑으로 제공해도 좋고요. 대구살에 두부, 쌀가루를 더해 동그랗게 빚어 구워도 맛있어요.

* 겨울 대구 레시피
대구살(중기 이유식) p.148 │ **베이비생선두부랑땡**(밥태기) p.370

10. 사철 당근 : 1~12월

우리나라에서 신선한 당근을 사시사철 맛볼 수 있는 이유는? 지역별로 수확 시기가 다르기 때문이에요. 유명한 제주 구좌 지역의 당근은 보통 12~3월경 겨울에 수확해요. 달달한 맛과 아삭한 식감이 특징입니다. 4~8월 봄과 여름에는 경남에서 당근을 수확해요. 부드러운 식감을 가졌답니다. 9~11월 가을에는 강원도에서 당근을 수확해요. 향긋한 당근 특유의 향이 강한 편이에요. 어느 때나 제철 당근을 맛볼 수 있다니! 아기에게 맛있는 당근 요리를 꼭 해줘야 할 이유입니다.

* 당근 레시피
베이비건강야채범벅(후기 이유식) p.234 │ **현미당근영양밥**(완료기·유아식) p.260 │ **감사함당 팬케이크**(밥태기) p.384

Project To Eat Well

밥태기 극복 프로젝트

피 땀 눈물로 만든 이유식·유아식을 아기가 밀어내고 뱉어내고 던져버리면 얼마나 마음이 쓰리고 아픈가요? 아기가 밥을 잘 먹지 않는 시기를 뜻하는 밥태기는 정녕 우리 사랑이에게도 닥쳐오고야 말았어요. 히지만 어떻게든 헤니고야 미는 사랑맘은 절대! 절대! 포기하지 않았어요. 어떻게든 한 입이라도 더 먹으려고 이 세상 온갖 방법 다 동원해서 지금의 아랫배 빵빵한 사랑이가 있답니다. 제가 이런 노하우 다 찾아놨으니 동지들은 너무 상심하지 말라고, 따뜻한 위로와 확실한 솔루션을 건네요.

1. 뭉쳐라! **기적의 포케볼** p.322

죽으로도 안 먹고, 밥으로 줘도 안 먹고, 토핑도 안 먹고, 국에 말아줘도 안 먹는다고요? 볼 형태로 뭉쳐 보세요! 감자를 푹 쪄서 김이 모락모락 뜨거울 때 쌀가루와 물을 넣고 동그랗게 빚어요. 동그란 모양이 재밌고, 겉바속촉 식감이 흥미롭고, 게다가 맛도 있어서 자꾸만 집어 먹게 된답니다. 기적의 포케볼은 우리 사랑이의 길고 긴 밥태기를 끝내게 해준 '유레카' 메뉴입니다. 중기부터 가능한 메뉴입니다.

2. 갈아라! **베이비토마토수프** p.338

아기가 말이라도 해주면 얼마나 좋아요. 뭐 때문에 안 먹는지 말해주면 그렇게 딱 해줄 텐데! 안 먹는 이유가 식감 때문인지, 맘에 안 드는 재료가 들어간 건지 알 수가 없으니 토마토, 양파, 당근 볶아 소고기 육수 더해 끓인 후 윙 갈아줘 볼게요. 후후, 한 김 식혀 내줬더니 너무 잘 먹어요! 후기부터 가능한 메뉴예요.

3. 끓여라! **삐뽀삐뽀 기적의 카레** p.334

와, 이렇게 순삭할 수 있다고요? 풍미 없으면 입을 벌리지 않는 까다로운 사랑이의 최애 메뉴! 뭉근하게 푹 끓여낸 베이비 카레의 매력에 빠져보세요. 우엉, 양파, 무, 소고기, 토마토, 카레가루의 비율과 조합이 아주 좋습니다. 완료기부터 가능한 메뉴예요.

4. 섞어라! **베이비과카몰리** p.336

아보카도는 사랑이는 물론, 저에게도 최고의 식재료예요. 아보카도를 크리미하게 으깨서 아주 궁합이 좋은 토마토와 양파를 마구 섞어줄게요. 최소한의 아가베시럽과 레몬즙이 새콤달콤한 맛을 담당해 줘요. 맛있는 거와 맛있는 거를 섞었으니 맛없을 수가 있나요? 완료기부터 가능한 메뉴예요.

5. 졸여라! **베이비라구소스스파스타** p.328

푹 졸인 라구소스의 매력! 졸일수록 토마토의 단맛과 소고기의 감칠맛이 올라와요. 토마토와 밀가루 테스트를 마친 후, 사랑이에게 가장 먼저 해준 메뉴예요. 물론 너무 잘 먹어줬어요. 밀가루 테스트 이후 주기적으로 밀가루 요리를 해주면, 추후 알레르기 발생 위험을 낮출 수 있어요. 중기부터 가능한 메뉴예요.

6. 다져라! **브나나빵** p.346

식재료의 입자를 잘게 다져주는 초퍼는 이유식·유아식 만들 때 정말 유용한 제품이에요. 바나나, 브로콜리, 오트밀, 그릭요거트, 땅콩버터를 넣고 윙윙 잘게 다지고 갈아주면, 건강빵 반죽이 완성됩니다. 많은 아기들이 싹싹 잘 먹어줬다는 감동의 후기가 폭주한 메뉴입니다. 완료기부터 가능한 메뉴예요.

7. 뜯어라! **쌀반죽 베이비영양수제비** p.344

어머나, 밀가루 없이 감자와 쌀가루를 주재료로 반죽한 수제비가 이렇게 맛있을 줄이야! 황금비율의 수제비 반죽을 열심히 뜯어보세요. 엄마도 군침 꼴깍 넘어가는 뜨끈한 영양 수제비 한 그릇이 탄생합니다. 후기부터 가능한 메뉴예요.

8. 말아라! **메추리알조림김밥** p.352

아기 요리가 어렵게 느껴지거나 힘에 부칠 땐 그냥 김에 싸서 말아보세요. 맛있게 졸인 메추리알조림을 으깨고 밥과 함께 섞어 김에 돌돌 말았더니 집어 먹기 좋은 아기김밥이 탄생했어요. 완료기부터 가능한 메뉴예요.

9. 구워라! **특제구운치킨덮밥** p.354

이유식 재료는 보통 찌고 삶는데요. 그런 부드러운 음식만 먹던 아기가 돌이 지나고 재료를 굽기 시작하면, 새로운 세계가 열립니다. 완료기를 지나 유아식으로 입문할 때, 사랑이 입맛을 사로잡은 마성의 메뉴입니다. 유아식부터 가능한 메뉴예요.

10. 최고의 특식! **베이비뇨끼** p.332

재료를 볶고 끓여 소스를 만들고, 반죽 치대고 빚고 삶고 굽고 소스와 함께 졸이기까지! 다소 복잡한 과정을 거치고 시간도 꽤 걸리는데, 너무 맛있고 요리 자존감도 올라가요. 한번쯤 아기에게 해주고 싶은 스페셜 특식입니다. 중기부터 가능한 메뉴예요.

Meat Project

고기 먹이기 프로젝트

매일 먹어야 하는 소고기를 별로 좋아하지 않는 사랑이! 철분 섭취가 너무 중요한 시기인데 왜 그럴까? 뭐 때문일까? 고민하고 또 고민하다 보니 노하우가 나날이 상승했어요. 안전히 갈아서 식감을 없애거나, 좋아하는 재료에 버무리거나, 맛있는 소스를 뿌리거나, 잘게 다져 구워 보거나! 다음의 메뉴들은 제 고민의 흔적이자 사랑이가 정말 잘 먹어준 레시피예요.

1. 더해라! **바나나비프팬케이크** p.360

고소한 소고기에 달달한 바나나를 더했어요. 소고기, 바나나, 쌀가루, 계란을 함께 갈아 반죽을 만들고 구웠더니 찰보리빵처럼 폭신하고 촉촉해요. 고사리손으로 끝없이 집어 먹게 되는 마성의 메뉴입니다. 후기부터 먹일 수 있어요.

2. 갈아라! **베이비미트로프** p.372

미국의 대표적인 가정식 메뉴로 미트볼을 좀 더 크게 부풀렸다고 생각하면 돼요. 소고기와 빵을 완전히 갈아서 식감을 부드럽게 해줬기에 고기의 식감을 싫어하는 아기도 잘 먹어요. 완료기부터 가능한 메뉴입니다.

3. 버무려라! **소고기과카몰리** p.366

아보카도를 잘 먹는 사랑이! 좋아하는 아보카도에 소고기를 버무려 줬더니 꿀떡꿀떡 잘 먹어줍니다. 크리미한 식감 안에 소고기를 스리슬쩍 감춘 엄마의 요령이 통했어요. 완료기부터 가능한 메뉴입니다.

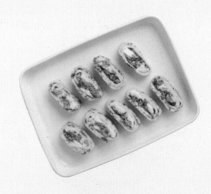

4. 말아라! **슈퍼비프말이** p.362

소고기를 잘게 다져 계란으로 돌돌 말아줬어요. 치즈까지 더해져 고소함과 부드러움의 극치! 소고기의 존재를 아는지 모르는지 잘 먹어주네요. 후기부터 가능한 메뉴예요.

5. 덮어라! **브로콜리치즈소고기전** p.374

치즈 이불을 덮으면, 아기가 싫어하는 것도 좋아하게 되는 마법! 브로콜리와 소고기, 계란과 쌀가루로 반죽을 만들어 동그란 미니전을 부친 후에 치즈를 올려 녹여줬어요. 역시나 잘 먹어준 메뉴입니다. 완료기부터 먹일 수 있어요.

6. 구워라! **바싹불고기·바싹양념불고기** p.364

구운 고기 먹을 수 있게 되는 날만 손꼽아 기다렸어요. 삶은 고기만 먹던 아기들이 돌이 지나고 구운 고기를 조금씩 먹기 시작하면, 눈이 번쩍 떠진다는 말을 들었거든요. 하지만 그조차도 뱉어버리는 사랑이! 소고기를 칼로 잘게 다지고, 다진 마늘을 펴바르고, 쌀가루를 넣어 반죽을 한 후에 '바싹' 구워줬어요! 완료기부터 가능한 메뉴입니다.

7. 겉바속촉! **구운팝콘치킨** p.282

동글동글 아기 입에 쏙 들어가는 사이즈가 포인트예요. 닭안심과 갖은 재료를 곱게 다져 짤주머니로 동그란 반죽을 만들어 구워냅니다. 와, 어린 시절 추억 돋는 팝콘치킨 완성이에요. 겉바속촉의 식감이 예술입니다. 완료기부터 가능한 메뉴입니다.

8. 바삭하게! **베이비수제돈가스** p.286

돌이 지나고 재료 선정과 조리법이 조금 더 자유로워졌을 때 자주 해주던 요리예요. 원트레이로 간단하게 반죽을 묻혀 팬에 굽고, 에어프라이어에 한번 더 구워주면 바삭한 식감이 되살아나요. 완료기부터 가능한 메뉴예요.

9. 동그랗게! **베이비생선두부랑땡** p.370

소고기를 정 안 먹을 땐 생선과 두부로 단백질을 보충해 주는 것도 괜찮아요. 대구살과 두부, 쌀가루로 반죽을 만들어 동그랗게 부치면 고소하고 부드러운 생선두부랑땡 완성이에요. 중기부터 가능한 메뉴입니다.

10. 치즈는 국룰! **베이비치즈돈가스** p.288

도무지 싫어할 수 없는 치즈를 돈가스 안에 쏙! '치돈'의 베이비 버전 레시피를 되도록 쉽고 맛있게 만들었어요. 아기 먹거리는 잘 익히는 게 핵심이라 팬에서 한 번, 에어프라이어에 또 한 번 구워주면 바삭한 식감도 유지하고 속까지 익어요. 완료기부터 가능한 메뉴예요.

Vegetable Project

채소 먹이기 프로젝트

채소 편식도 고민이에요. 단독 토핑으로 채소를 먹이다 보면 어쩔 수 없이 호불호가 생기거든요. 편식 없이 채소를 골고루 먹어주길 바라는 엄마 마음! 아삭한 식감을 싫어하는 이기가 많으니 일단 푹 익혀주고 슬쩍 감춰주고 부드럽고 촉촉하게! 요령 있게 채소를 요리해서 편식 없는 아기 키워봐요.

1. 푹 익혀라! **토마토스튜** p.292

완숙 토마토는 물론 감자, 당근, 양파, 사과, 샐러리까지 아주 다양한 채소를 푹 끓여서 입에서 부드럽게 으깨지고 심지어 살살 녹아요. 이런 식감이라면 채소 싫어하는 아기도 도전! 영양이 골고루, 든든하게 들어있는 스튜이니 꼭 한번 먹여보세요. 완료기부터 가능한 메뉴예요.

2. 쏙 감춰라! **시금치토마토 프리타타김밥** p.250

토마토나 시금치를 잘 안 먹는 아기라면 강추! 토마토와 시금치, 계란을 함께 갈아서 식감을 완전히 없애고, 이탈리아식 오믈렛인 프리타타처럼 연하고 부드럽게 익혔어요. 김밥 속 재료로 쏙 넣어주면, 채소의 존재가 감쪽같이 감춰져요. 완료기부터 가능한 메뉴입니다.

3. 골고루! **베이비수제크로켓** p.392

감자, 양파, 당근, 양송이버섯까지 한데 뭉쳐 구웠으니 한입에 골고루 야채가 쏙쏙 들어갑니다. 빵가루의 바삭한 식감 때문에 싫어하는 채소가 포함돼 있더라도 인식하지 못하고 즐겨줄 거예요. 완료기부터 가능한 메뉴입니다.

4. 최강 조합! **건강 CCA 빵** p.394

당근(Carrot)과 양배추(Cabbage)와 사과(Apple)의 약자를 딴 CCA 건강주스가 열풍입니다. 여기에 오트밀, 우유, 계란을 더해 건강빵으로 구워봐요. 완료기부터 먹일 수 있는 메뉴예요.

5. 말랑말랑! **스팀소프트전** p.388

수분 스팀으로 말랑말랑해진 채소로 미니전을 부쳤어요. 당근의 주황색과 애호박의 초록색, 달걀의 노란색이 만나 어쩜 색상도 너무 예쁘고 먹음직스러워요. 후기부터 먹일 수 있는 메뉴예요.

6. 보드랍게! **보들보들 두부채소계란찜** p.382

두부와 당근, 양파, 계란이 빚어낸 극강의 보드라움! 중기 때 자주 쓰는 당근 큐브, 양파 큐브를 활용할 수 있어 손이 자주 가는 메뉴예요. 각 재료에 대한 테스트를 마쳤다면, 중기부터 먹일 수 있어요.

7. 달콤하게! **스위트그린브레드** p.294

시금치를 단독 토핑이나 반찬으로 주기 부담스럽다면 이 메뉴에 도전해 보세요. 영양 만점 시금치와 달달한 바나나를 함께 갈아 핑거푸드 형태의 빵으로 구웠어요. 완료기부터 가능한 메뉴입니다.

8. 겸손하게! **감사함당 팬케이크** p.384

감자와 당근이 만나 팬케이크가 되었어요. 그 위에 사과까지 다져 넣으면? '감사함당' 하고 먹게 될 걸요? 팬케이크를 익힌 후 팬의 뚜껑을 닫고 잔열로 속까지 익혀주면, 아삭한 식감 싫어하는 아기에겐 훨씬 도움이 될 거예요. 각 재료에 대한 테스트를 마쳤다면, 중기부터 가능한 메뉴입니다.

9. 촉촉하게! **고구마라떼케이크** p.300

건강한 뿌리채소인 고구마가 우유를 만나 세상 부드럽고 촉촉해졌어요. 여기에 통밀가루까지 더해져 영양 가득, 포만감도 훌륭해요. 완료기부터 가능한 메뉴입니다.

10. 예쁘게! **베이비후렌치피자** p.398

토마토소스와 치즈가 만난 피자, 너무 고소하고 맛있잖아요? 건강 피자를 만들어주고 싶어 고구마로 도우를 만들고 한입 크기로 잘라 수제 토마토소스를 뿌렸는데, 아니 너무 예쁜 거예요. 시판 후렌치피자를 꼭 닮아서 요렇게 이름 붙였어요. 예쁜 메뉴는 아기가 먼저 알아보고 더 잘 먹어주는 것 같아요. 후기부터 가능한 메뉴입니다.

이유식·유아식 준비하기

· 아기 음식 이해하기 ·

모유나 분유만 먹던 아기가 곧바로 어른 음식을 먹을 순 없어요. 어른 음식으로 가는 과정이 필요합니다. 이 과정이 바로 이유식이에요. 기본 개념과 상식, 이슈까지 아기 음식을 이해하기 위해 꼭 필요한 정보만 추려 정리했어요.

이유식 개념 잡는 키워드 10

Baby Food Keyword

사랑맘이 키워드만 쏙쏙 뽑아 정리했어요. 딱 이 키워드만 알아도 이유식의 시작이 정말 수월할 거예요. 이유식 개념 잡기용 필수 정보와 요즘 이슈가 되는 키워드까지! 여기저기 묻지 않아도 딱 필요한 정보만 정리해서 알려드릴게요.

1
배죽

이유식 쌀죽을 만들기 시작하면서 내내 따라다니는 배죽의 개념! 어렵게 생각할 것 없어요. 쉽게 비유해볼게요. 쌀 1에 물 10이면 10배죽입니다. 쌀 1에 물 5이면 5배죽입니다. 쌀 1에 물 1이면 밥이 됩니다. 초기 이유식 첫 단계에서 10배죽으로 시작해 점차 8배죽, 6배죽, 4배죽, 2배죽을 거쳐 밥으로 가는 과정이 바로 이유식이에요. 불린 쌀을 갈아서 죽을 만드는 게 번거롭다면 시판 쌀가루를 써도 돼요. 어른이 먹는 밥을 활용해 죽을 만들어도 돼요. 단, 다음은 모두 같은 양이에요. 이 공식을 기억하면 편해요.

[불린 쌀 10배죽 = 시판 쌀가루 20배죽 = 밥 5배죽]

TIP 물을 좀 더 추가하거나 덜어내서 아기가 잘 먹는 농도로 맞추는 것은 문제가 되지 않아요!

2
탄 · 단 · 채

식단표를 짜면서 알았어요. 이유식은 '탄·단·채'구나! 이유식 매 끼니 챙겨야 할 세 가지는 바로 탄수화물, 단백질, 채소예요. 어른도 식단을 짤 때 '탄·단·지'의

균형을 지키는 게 중요하잖아요. 아직 소화 기능이 덜 발달한 아기 식사니까 '지방'은 덜어내고 '채소'를 충분히 제공한다고 생각하면 돼요. 저는 이 세 가지의 균형을 이유식·유아식 내내 유념하고 적용했어요. 토핑 이유식뿐만 아니라 요리, 간식을 제공할 때도 세 가지가 충분히 포함되도록 식단을 짜고 레시피를 만들었어요.

[이유식·유아식 = 탄·단·채 균형 중요
= 식단표, 요리 레시피에 적용]

TIP 매일 탄수화물, 단백질, 채소를 권장량 이상 섭취할 수 있게 노력해 주세요! 하지만 오늘 아기가 그만큼 먹지 못했다고 좌절할 필요는 전혀 없어요. 아기마다 몸무게와 먹는 양이 달라요. 큰 틀의 기준일 뿐이니 지키려고 노력하는 것으로 충분해요. (p.066 참고)

3
소고기

이유식에서 소고기의 역할은 매우 중요해요. 풍부한 단백질이 아기의 근육 발달, 세포 구조를 형성하는 것을 도와요. 철분은 혈액을 형성하고, 아연은 성장을 돕고 면역 체계를 강화해요. 이유식 도입 시기가 6개월을 넘지 않아야 하는 것도 '철분 섭취'가 큰 이유를 차지해요. 아기들은 6개월간 버틸 수 있는 철분을 체내에 가지고 태어나는데요. 6개월 이후 체내 철분이 거의 소진되어 음식으로 섭취해야 하거든요. 그런데 사랑이가 소고기를 잘 먹지 않아 고생 좀 했습니다. 이 책에 소고기 요리 레시피를 가득 담은 것도 이 때문이에요.

[소고기 = 중요한 철분 공급원
= 만 6개월부터 매일 먹이기]

 TIP 소고기 육수만 먹이면 안 돼요. 소고기 자체를 매일 먹여야 해요. 간혹 닭고기, 생선, 두부 등의 다른 단백질로 대체하는 것은 괜찮아요.

4
6개월

이유식 시작 시기를 보통 만 6개월로 권장해요. 만 4~6개월에 시작하기도 해요. 단, 만 4개월 이전의 너무 이른 시기에 시작하는 것은 권장하지 않아요. 아직 위장이 미숙해 모유나 분유 외에 음식물을 소화하기 어려워요. 신장에 부담을 주고, 알레르기 반응이 생길 확률도 높아요. 또 6개월이 지나 너무 늦게 시작하는 것도 안 돼요. 아기에게 필요한 영양소를 음식물을 통해 섭취해야 할 시기예요. 시작 시기가 너무 늦어지면 분유만 먹으려고 하고, 그 외에 음식을 받아들이기 어려워질 수 있어요. 빠르지도, 늦지도 않은 적정한 시기인 만 6개월에 시작하도록 해요.

[이유식 시작 시기 = 만 6개월 권장]

 TIP 아기가 어른이 먹는 것에 관심을 보이거나 머리와 목을 잘 가눌 수 있는 것도 이유식을 할 때가 되었다는 신호예요.

5
질산염

한동안 이슈였던 채소의 질산염! 시금치, 당근, 무, 배추, 비트 등은 대표적으로 질산염이 함유된 채소예요. 이유식 재료로 자주 쓰이는 채소라 혹시라도 아기에게 해로운 건 아닐까 하는 엄마들의 걱정을 샀죠. 신뢰할 만한 자료를 열심히 찾아보았어요. 결론은 채소가 주는 이로움이 그보다 많으니 크게 걱정할 정도는 아니었어요. 채소 질산염의 유해성에 관한 과학적 근거가 아직 부족하고, 채소의 섭취량이 증가하면 오히려 암 발생을 억제하는 효과가 있다고 해요.

단, 만 6개월 전의 아기에게 질산염이 함유된 채소를 먹이면 안 돼요. 질산염이 다량 함유된 채소 섭취는 만 6개월 이전 아기에게 빈혈을 일으킬 수 있다고 해요. 저는 만 7개월 이후 중기 이유식부터 질산염 채소를 먹였고, 이를 반영해 이 책의 식단을 짰어요.

[질산염 함유 채소 = 시금치, 당근, 무, 배추, 비트 등
= 만 6개월 이전에 안 돼요]

TIP 질산염 함유 채소를 냉장고에 오래 두면 질산염 수치가 증가할 수 있다고 해요. 구매하자마자 신선할 때 바로 조리해서 냉동 보관하면 더 안심!

6
잔류 농약

채소의 잔류 농약도 걱정스러운 부분이에요. 하지만 꼼꼼히 세척하고 완벽히 익히면 싱당량의 농약은 제거된다고 해요. 식품의약품안전처에서 실시한 실험에 따르면, 다음의 방법이 잔류 농약 제거에 가장 효과적이래요. '채소를 5분 이내로 물에 담근 후, 약 30초 이상 흐르는 물에 문질러 씻는다!' 저는 식초물에 담그는 게 더 안심이 되어서 식초를 1큰술 정도 넣어 주기도 했어요.

[잔류 농약 제거에 효과적인 세척법
= 5분 물에 담근 후 30초 씻는다]

TIP 흐르는 물에 씻는 것만으로는 충분
하지 않아요.

7
3일

이유식에서 새로운 재료를 먹이는 텀이 바로 3일이에요. 3일에 한 번씩 새로운 음식을 추가해요. 아기들은 1~2일 괜찮다가도 3일째 알레르기 반응이 나타나기도 해요. 따라서 이유식 식단은 3일을 기준으로 짜고, 3일간 같은 음식을 먹이며 지켜봐야 해요. 그리고 나서 이상 반응이 없다면, 이 재료에 대한 테스트를 마쳤다고 봐도 돼요. 테스트를 마친 재료는 주기적으로 먹이면서 잘 적응해 가면 됩니다.

[새로운 음식 = 3일에 하나씩 추가]

TIP 후기가 되면 2일에 하나씩 추가하는 것도 어느 정도 허
용돼요.

8
토핑 이유식

요즘 이유식 트렌드가 토핑 이유식이라고 해도 과언은 아니예요. 토핑 이유식의 장점이 많기 때문이에요. 사랑이도 토핑 이유식으로 튼튼하게 잘 크고 있어요. 토핑 이유식은 쌀죽과 토핑을 따로 조리해요. 간단히 요약하면 쌀가루와 물로 죽을 쑤고, 육류와 채소를 익혀서 다지는 과정이에요. 이유식 때는 매우 적은 양을 먹는데, 매번 다양한 토핑을 바로 조리해 제공하기 어려워요. 그래서 여러 끼니의 양을 한번에 조리해 큐브라는 틀에 담아 약 1~2주간 냉동 보관해요. 냉장 보관도 가능한데, 2~3일 내에 소진하는 게 안전해요. 녹일 때는 찜기나 전자레인지를 사용해요. 찜기가 촉촉하고 더 안심되긴 하는데, 전자레인지가 빨리 녹는 건 장점이에요. 편한 방법으로 해동하면 됩니다.

[토핑 이유식 보관 = 냉동 1~2주, 냉장 2~3일
= 해동할 때는 찜기 혹은 전자레인지]

TIP 충분히 해동한 후에 온도를 체크하고 아기에게 제공해
요. 너무 뜨거우면 안 돼요!

9
알레르기

이유식 시작과 동시에 계속 새로운 재료를 시도하게 되는데요. 혹시 아기가 특정 음식에 알레르기가 있지 않을까 긴장하게 돼요. 이중 계란, 땅콩, 밀가루는 대

TIP 알레르기 테스트는 꼭 오전에 진행해 주세요. 혹시라도 이상 반응이 있을 경우 병원에 가는 등 대처해야 하니까요. 일부 아기는 소량으로도 심한 알레르기 반응이 오는 경우가 있어요. 구토, 발열, 설사 등의 이상 반응이 있는지 세심하게 관찰해요.

자기주도

표적으로 알레르기에 주의해야 하는 음식이에요. 하지만 두렵다고 도입 시기를 늦추진 마세요. 새롭게 바뀐 이유식 지침에 따르면, 이런 민감한 식재료를 조기 도입하는 게 오히려 향후 알레르기 반응을 줄이는 데 도움이 된다고 해요. 조기라면 어느 시기일까? 만 6개월부터 가능한데, 사실 현실적으로 어려운 점이 있어요. 쌀죽 한 숟가락도 두근두근 긴장하며 먹어야 하는 초기 이유식 때에는 땅콩 테스트 준비가 어렵고 두려운 게 사실이에요. 저는 세 가지 모두 중기 이유식 때 노출해줬어요.

계란은 완숙으로 삶아 완전히 익혀 제공해요. 맨처음엔 아주 소량만 먹여 테스트했어요. 저는 중기 1단계에 노른자부터 먹인 후 이상이 없다는 걸 확인하고, 약 한 달 후 중기 2단계에서 흰자를 먹였어요. 요즘은 노른자, 흰자를 함께 먹이기도 해요. 저는 좀 더 안전하다고 생각하는 방식으로 했어요.

땅콩은 땅콩버터를 물에 녹여 부드럽게 해서 테스트해요. 이때 땅콩버터는 땅콩 100% 제품을 선택하세요. 저는 맨처음엔 땅콩버터와 바나나, 분유물로 반죽을 만들어 건강빵을 구운 후 소량 먹여봤어요. 땅콩을 통째로 주는 건 목에 걸릴 위험이 있어 안 돼요!

밀가루는 보통 쌀죽에 밀가루를 한 꼬집 넣어 익혀서 제공해요. 조리가 끝난 상태에서 밀가루를 넣으면 익지 않을 수 있어요. 죽을 끓이고 있을 때 넣어 완전히 익히는 게 좋습니다. 밀가루 테스트가 끝난 후에는 소면, 파스타면 등을 접하게 했어요.

이유식 하면서 '자기주도'라는 단어를 많이 접하게 될 거예요. 자기주도 이유식은 아기가 숟가락을 사용하지 않고, 직접 손으로 집어 먹게끔 핑거푸드 형태로 음식을 제공하는 것을 말해요. 채소로 말하면 당근, 무 등의 채소를 푹 익혀 갈지 않고, 적당한 크기의 덩어리로 잘라 제공하는 거예요. 아기가 주도적으로 흥미를 가지고 음식을 맛보는 건 좋은데, 아직 씹는 힘이 부족해 목에 걸리는 등의 사고가 걱정되더라고요. 이런 염려 때문에 자기주도 이유식은 꼭 옆에서 보호자가 지켜봐야 해요. 사랑이의 경우 핑거푸드는 중기 이후 팬케이크, 건강빵 등의 간식, 밥태기 때 기적의 포케볼 등으로 접하게 했어요. 딸기, 사과, 배 등의 과일을 시기에 따라 1cm가 넘지 않는 작은 크기로 잘라주기도 했어요. 이렇게 전체 이유식이 모두 자기주도 형식은 아니더라도, 핑거푸드를 첨가해 자기주도의 장점은 가져갈 수 있어요.

[자기주도 이유식 = 아기가 집어 먹을 수 있는

핑거푸드 형태 = 관찰 필요]

TIP 아기가 음식을 먹다가 기도가 막히면 응급 상황이 될 수 있어요. 유튜브에서 하임리히법을 찾아 미리 숙지하고 연습해 두세요.

이유식 하기 전,
가장 궁금한 10가지

Baby
Food
Question

육아 동지들, 시작하기 전이라 막막하시죠? 짜잔! 하이델 빌리지 이유식 상담소가 열렸습니다.
무엇이든 물어보세요. 세가 직접 이유식 공부하고 요리하며 쌓은 노하우를 아낌없이 나눌게
요. 오늘도 화이팅! 육아팅!

1. 저 요알못인데, 집에서 만드는 이 유식 가능할까요?

♥ 그럼요! 완전 가능요! 저도 처음에는 너무 두
렵고 막막했어요. 혹시 제 이유식 준비 브이로그
그 못 보셨다면, 보고 오세요. 기운과 자신감이 뿜뿜
솟아날 겁니다. 저도 얼마나 머리를 쥐어뜯었는지 몰
라요. 어떡하냐고, 자신 없다고, 동네방네 호들갑 떨
고 다녔어요. 매일 모유, 분유만 먹던 아기에게 음식
을 넣는다고 생각하니까 벌써 먹어도 되는 게 맞나?
무해한 아기에게 내가 실수를 하면 어떡하지? 모든
게 어렵고 걱정도 되고 실감이 안 났고 무서웠어요.

그런데 지난 이유식 여정을 돌이켜 보니 참 의미
있고 보람 있는 과정이었다 싶어요. 의문 투성이인
상태여도 엄마로서 최선을 다하며 훌쩍 성장한 시간
이었어요. 집에서 내 손으로 이유식을 하면, 좋은 재
료를 선별해 위생적으로 조리할 수 있어요. 시행착오
를 겪고 아기 입맛을 알아가며 부족한 것을 파악하고
대처할 수 있어요. 무엇보다 가장 믿을 만한 존재가
따뜻하게 해준 음식이니 아기에게도 그 정성이 닿을
거라고 생각해요. 누구든 할 수 있어요. 두려워할 필
요 없어요. '요알못'도 찰떡같이 알아들을 수 있게 제
가 아주 쉽게 정리했어요!

2. 죽 이유식, 토핑 이유식 뭐가 좋 아요?

♥ 시작하기 전에 저도 고민 많이 했어요. 이유식
방법도 아주 여러 가지가 있더라고요. 죽 이
유식, 밥솥 이유식, 자기주도 이유식, 토핑 이유식 등.
그중 가장 고민하는 대표적인 두 가지가 죽 이유식과
토핑 이유식이에요. 죽 이유식은 쌀죽과 다진 재료
를 함께 넣어 끓이는 형태예요. 토핑 이유식은 죽과
토핑을 따로 먹는 이유식이에요. 성인이 밥과 반찬을
별도로 먹는 방식과 비슷해요. 저는 다음의 이유로
토핑 이유식으로 결정했어요.

알레르기 관리가 쉬워요. 식재료별로 따로 먹이다
보니 아기가 어떤 음식에 알레르기가 있는지 정확히
알 수 있어요. 해당 식재료만 대체하면 되어서 운영
하기 편해요. 또 아기가 재료별로 질감과 맛을 좀 더
정확히 알 수 있어요. 각 토핑 고유의 향을 맡고 눈
으로 보고 손으로 만지면서 호기심을 키우기 좋아요.
단, 죽 이유식을 할 때보다 설거지 거리가 많이 나오
는 단점은 있어요.

3. 이유식 재료 어디서 사고, 어떻게 고르세요?

♥ 바쁠 땐 마켓컬리가 빠르고 편해요. 마켓컬리에서 친환경, 유기농 제품을 골라서 샀어요. 근처에 있는 초록마을, 한살림, 생협 오아시스, 이마트 친환경 코너 두루두루 다 이용했어요. 식재료를 여러 군데에서 사다 보니 매장마다 좋은 재료가 확실히 있더라고요. 그런데 바쁘고 정신 없을 때 굳이 가기 어려운 때도 많아요. 좋은 재료들을 기억해 뒀다가 근처를 지나게 될 때 구매하곤 했어요.

식재료를 살 때는 최대한 성분을 체크하고, 인증 마크를 확인했어요. 무농약 마크는 최근 1년 이상 합성농약을 사용하지 않은 농산물을 뜻해요. 유기농 마크는 최근 3년 이상 농약이나 화학비료를 사용하지 않은 농축산물을 뜻해요. GAP 마크는 재배, 생산, 판매까지 농약, 중금속 등의 유해 요소를 관리하고, 주어진 조건을 충족한 농산물에 부여돼요.

무항생제 마크는 무항생제 사료로 사육한 축산물을 인증해요. USDA 마크는 까다로운 미국 농무성의 공식 유기농 인증을 뜻해요. 유기농 원료 95% 이상이며, 합성색소, 향료, 방부제, 파라벤, 실리콘, 기타 석유제품을 금지한 제품에 부여돼요. 유럽 유기농 인증 마크는 유기농 원료 95% 이상이며, 유전자변형 농수산물을 원료로 사용 금지한 제품에 부여돼요. 이런 마크가 있다면, 좀 더 적극 구매를 고려하게 돼요.

무농약	유기농	GAP

4. 이유식 쉽고 빠르게 만드는 요령, 알려주세요!

♥ 일단 너무 고민하지 마세요. 사실 이유식이 서툴든 잘하든 어떻게 먹여도 아기는 잘 크거든요. 식단표를 참고하거나 짜두면 수월해요. 전체를 어떻게 운영할지 알게 되면, 급할 때 바로바로 움직이게 돼요. 모두 똑같이 실천하지 못해도 괜찮아요. 부담 갖지 않고 하나하나 해나가면 돼요.

또 궁합이 두루 좋은 재료의 큐브를 넉넉히 만들어두면 조리가 빨라져요. 어느 재료에나 어울리는 식재료가 있어요. 예를 들면 양파, 브로콜리, 케일은 특별히 다른 재료와 부딪히는 경우가 많지 않아요. 이런 재료의 큐브를 넉넉히 해두면 급하거나 재료가 부족할 때 바로 해동해 사용할 수 있어요.

5. 돌 전 아기가 반드시 주의할 것, 위험한 것!

♥ 돌 전에 꿀과 생우유는 먹이지 않아요. 땅콩 등의 견과류는 통째로 주지 않고, 갈아서 소량 제공해요. 아직 견과류를 씹을 만큼 저작 기능이 발달하지 않았어요. 돌 전에 시판 과일주스도 먹이지 않아요. 집에서 과일을 갈아주는 것은 괜찮아요. 재료는 완전히 푹 익혀야 해요. 덜 익히면 안 돼요. 냉동한 재료는 녹였다가 재냉동하지 않아요. 이유식 조리할 때 아기 화상에도 주의해야 해요.

6. 초기, 중기, 후기 때 가장 중요한 점, 콕 집어주세요!

♥ 초기 이유식 때는 너무 겁내지 마세요. 시작했다는 것에 의의를 둬요. 이게 왜 팁이냐고요? 저는 그 말을 누가 해줬으면, 조금 더 마음 편하게 임했을 것 같아요.

중기 때는 알레르기 테스트 할 재료가 많아요. 알레르기 테스트라는 게 별다른 게 아니고, 푹 익혀서 조금 먹여보고 반응을 살피면 됩니다. 요즘엔 새로운 식재료를 빠르게 도입하는 걸 권장하고 있어요. 특히 알레르기에 민감한 재료 3대장! 계란, 밀가루, 땅콩은 중기 때 싹 해치우는 게 여러모로 유리하고 마음도 편해요. 이 재료들은 초기 때부터도 가능하지만, 사실 그 시기에는 쌀과 소고기, 채소들에 적응하기도 버거워요. 현실적으로 중기 때 하는 게 적절하다고 생각했어요.

알레르기 테스트는 반드시 오전에 하세요. 저는 혹시라도 일어날 심각한 이상 반응에 대비해 병원 갈 짐을 옆에 싸두었어요. 일어날 수 있는 일은 대비해두는 게 안전하죠. 민감한 재료들을 모두 통과하고 나면 세상 개운해집니다. 중기 후반쯤 가면 알레르기 테스트에 둔감해져서 3일씩 살필 것을 1일만 하고 넘어가는 경우도 생겨요. 하지만 주의합시다! 1일차에

팬찮다가 2~3일차에 이상 반응이 있을 수도 있어요. 중기 때까지는 3일 동안 알레르기 테스트 충실히 하기로 해요.

후기 때는 '밥태기'라는 불청객이 찾아와요. 입자감을 차츰 키워야 할 시기에 도통 먹지를 않으니 참 속상해요. 사랑맘도 누구보다 이 시기를 진하게 겪었어요. 정성껏 준비한 이유식을 입에 대질 않고 엎어버리니 참! 얼마나 속상하겠어요. 하지만 자연스럽게 받아들여야 해요. 정말 힘들지만 다 지나가요. 그리고 이 책의 밥태기 메뉴를 참고하면, 훨씬 수월할 거예요. 제가 차곡차곡 쌓은 밥태기 극복 노하우가 정말 충실히 담겼어요.

7. 이유식 할 때 물을 따로 먹여야 할까요?

♥ 사랑이는 이유식을 시작하고 나서 따로 물을 먹이지 않았어요. 그런데 주변 아기들의 물 먹는 사진이 보이고, 의견이 다 달라서 중기 이유식 즈음에는 고민이 되더라고요. 결론은 초기, 중기까지는 분유, 모유로 섭취하는 수분이 충분하므로 수유량 맞추듯 물 양을 맞추면서까지 먹일 필요는 없어요. 간식 등을 먹으며 필요할 때 소량 주는 것으로 했어요. 후기 때도 물의 양이 조금 늘 수는 있지만, 돌 전까지 하루 220ml를 넘지 않는 게 좋아요. 물을 너무 많이 먹으면 물배가 차서 이유식을 잘 안 먹을 수 있어요.

8. 이유식과 유아식 간, 양념, 오일 궁금해요!

♥ 돌 전까지 소금 간은 하지 않는 게 원칙이에요. 단맛을 내는 아가베시럽도 사용하지 않았어요. 육류, 채소, 다시마, 마늘 등을 우린 육수는 중기부터 사용 가능해요. 멸치는 사용하지 않았어요. 돌 전에 레몬도 일부 위장 약한 아기에게 무리일 수 있어요. 파슬리 100%의 파슬리가루는 중기부터, 시나몬 100%의 시나몬파우더는 후기부터 사용했어요. 오일은 중기 때부터 아주 소량씩 사용 가능해요. 저는 올리브유, 아보카도오일, 현미유를 주로 사용해요.

돌 이후가 되면 양념의 세계가 넓어집니다. 하지만 돌 이후 완료기, 유아식을 조리할 때도 소금은 최대한 늦게 사용했어요. 책에 담은 이유식·유아식 메뉴 중에 소금을 사용한 레시피는 없어요. 대신 감칠맛이 강하면서 염분 함량이 낮은 아기된장, 아기간장을 아주 소량씩 사용했어요. 아가베시럽, 카레가루도 돌 이후 쓰기 시작했어요. 약 2~3g, 1/3 작은술 등 아주 조금씩 맛만 내는 정도로 사용했어요. 최대한 자극적인 맛이 나지 않게 신경 썼어요.

9. 이유식에서 과일, 간식 먹이기 핵심만 알려주세요

♥ 처음 시작하는 과일로 사과, 배가 좋아요. 맨 처음에 줄 때는 찜기에 찌고 갈아서 퓨레 형태로 주었어요. 잘 먹기에 그다음에 생으로 갈아 주었고요. 바나나도 초기부터 먹일 수 있는 과일이에요. 다만, 단맛이 강해 사과, 배를 먹인 후에 먹였어요. 이후 중기 때 차츰 입자를 늘려가며 손으로 집어먹을 수 있는 크기로 잘라줬어요. 자기주도 연습하기에 좋습니다. 중기 때부터 딸기, 블루베리, 자두, 포도 등의 과일을 큰 제한없이 주었어요. 다만 딸기는 알

레르기를 잘 일으키는 과일이라 처음 먹일 때 반응을 잘 살펴야 해요.

이밖에 아기치즈, 아기요거트는 중기부터 먹였어요. 아기쌀과자인 떡뻥도 중기 때부터 가능합니다. 단, 입천장에 달라붙을 수 있으니 물과 함께 주세요. 어른들이 먹는 뻥튀기에는 첨가물이 들어있을 가능성이 있으니 먹이지 않는 게 좋아요.

10. 이유식 즐겁게 만드는 사랑맘의 힐링 포인트

♥ 아기도 봐야 하고, 이유식도 해야 하고, 엄마는 하루 24시간이 부족해요. 하지만 엄마가 즐거워야 아기도 즐겁죠! 저는 이유식 만들 때 항상 제가 좋아하는 음악을 배경처럼 틀어놓았어요. 흥얼흥얼 노래를 따라 부르다가 흥이 나면 춤을 추기도 했어요. 신나게 즐기다 보면 어느새 이유식도 뚝딱! 저만의 힐링 포인트를 찾아두고, 이유식을 즐겁게 만들면 아기도 더 잘 먹어준답니다.

Amount Per Step

이유식 단계별 권장량

지금 아기가 먹고 있는 양이 적절한지 궁금하시죠? 한 끼 이유식 양과 '탄·단·채' 하루 섭취 권장량이 기준이 되어줄 거예요. 하지만 평균적인 지표일 뿐, 아기마다 몸무게도, 먹는 양도 다를 수밖에 없어요. 최대한 이 기준에 맞추려고 노력하되 매일 조금 더 먹고, 덜 먹는 것에 너무 일희일비하지는 마세요.

단계	초기	중기
개월	만 6개월	만 7~8개월
한 끼 이유식 양	총 50~90ml 쌀 · 잡곡미음 30~60ml 채소 토핑 10~15ml 고기 토핑 10~15ml	총 100~160ml 쌀 · 잡곡죽 60~80ml 고기 토핑 15~20ml 채소 토핑 10~20ml
탄·단·채 하루 섭취 권장량 (원물 기준)*	탄수화물 10g 단백질 10g 채소 10g (익힌 채소 기준)	탄수화물 30~50g 단백질 20~30g 채소 40~60g (익힌 채소 기준)
하루 수유 권장량	700~1,000ml	600~800ml
하루 간식 횟수	0~1회	1~2회
수유 : 이유식 비율 (칼로리 기준)	9:1 ~ 8:2	7:3

* 초기 이유식을 처음 먹일 때는 한두 숟가락으로 시작해 점차 양을 늘리면 돼요.
* '원물'의 뜻은 재료 자체의 양을 말해요. 원물 기준으로 하루 탄수화물 10g을 섭취해야 한다는
것은 쌀죽 10g을 섭취해야 한다는 뜻이 아니라, 조리하지 않은 쌀 10g의 양을 하루 동안 섭취해
야 한다는 뜻입니다.
* 소고기 40g = 생선 50g = 두부 80g의 단백질 함량이 비슷해요. 단백질 섭취 시 참고하세요.
* 생선 섭취는 일주일 기준 50g 이하 섭취, 1~2세 일주일 기준 100g 이하 섭취를 권장해요.

단 계	후기	완료기
개 월	만 9~11개월	만 12~15개월
한 끼 이유식 양	 총 120~180ml 쌀 · 잡곡진밥 70~90ml 고기 토핑 15~30ml 채소 토핑 15~30ml	 총 130~190ml 쌀 · 잡곡밥 70~90ml 고기 30~40ml 채소 15~30ml
탄·단·채 하루 섭취 권장량 (원물 기준)*	탄수화물 80~90g 단백질 40~50g 채소 90~100g (익힌 채소 기준)	탄수화물 90~120g 단백질 60~80g 채소 120~150g (익힌 채소 기준)
하루 수유 권장량	500~700ml	400~500ml
하루 간식 횟수	1~3회	1~3회
수유 : 이유식 비율 (칼로리 기준)	6:4~5:5	3:7~2:8

Grain Size

이유식 입자감 가이드

아기의 성장에 맞게 이유식 입자감을 높여가야 해요. 하지만 아기가 버거워 한다면 천천히 기다려주며 적응하게 해주세요. 조금 늦어도 괜찮아요. 아래 표를 절대적인 기준으로 삼기보다 평균적인 가이드의 개념으로 생각해 주세요.

초기
만 6개월

중기 1단계
만 7개월 이상

쌀 (탄수화물)

10배죽
쌀 1 : 물 10의 비율.
곱게 갈거나 혹은 약간의
입자감을 남기고 갈기.

8배죽
쌀 1 : 물 8의 비율.
쌀알을 1/4~1/3 정도로
자른 크기.

소고기 (단백질)

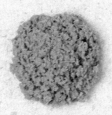

곱게 갈거나 혹은 약간의
입자감을 남기고 갈기.

약 1~2mm 크기로 잘게
다지기.

당근 (채소)

곱게 갈거나 혹은 약간의
입자감을 남기고 갈기.

약 1~2mm 크기로 잘게
다지기.

• 후기 이유식을 보통 만 9~11개월에 진행해요. 따라서 후기 2단계
시작 시기를 아기에 맞게 10개월 혹은 11개월로 정하면 됩니다.

중기 2단계	후기 1단계	후기 2단계
만 8개월 이상	만 9개월 이상	만 10·11개월 이상

6배죽
쌀 1 : 물 6의 비율.
쌀알을 1/2 정도로 자른
크기.

4배죽
쌀 1 : 물 4의 비율.
쌀알을 갈지 않고 그대로
푹 익힌 무른밥.

2배죽
쌀 1 : 물 2의 비율.
쌀알을 갈지 않고 그대로
푹 익힌 진밥.

약 3~4mm 크기로 다지기. 약 5~6mm 크기로 자르기. 약 1cm 미만으로 자르기.

약 3~4mm 크기로 다지기. 약 5~6mm 크기로 자르기. 약 1cm 미만으로 자르기.

Ingredient Division

탄·단·채 이유식 식재료 분류

이유식 한 끼에 꼭 들어가야 하는 탄수화물·단백질·채소! 하지만 식재료가 '탄·단·채' 중 어디에 속한지 모른다면, 매일 식단을 짜기도 어렵고 식재료 변경 시 대처하기도 어렵겠죠? 다음의 식재료 분류표가 있다면, 영양 밸런스를 맞추기 훨씬 수월해요.

구 분	종 류	식 재 료	특 징
탄수화물	쌀·잡곡 구황작물 곡물 등	쌀, 오트밀, 현미, 흑미, 수수, 퀴노아, 감자, 고구마, 옥수수, 밤	• 아기 몸에 필요한 에너지원을 공급해요. • 소화와 영양분 흡수에 중요한 역할을 해요. • 식이섬유가 풍부해 장 건강을 지켜요.
단백질	육류 어류 식물성 단백질 등	소고기, 닭고기, 대구살, 계란, 두부	• 아기 몸의 세포를 구성해요. 혈액, 근육, 피부, 모발을 형성해요. • 면역 시스템에 중요한 역할을 해요. • 근육의 성장과 강화, 회복을 도와요.
채소	녹황색채소 뿌리채소 열매채소 십자화과 버섯류 등	애호박, 브로콜리, 양배추, 단호박, 양파, 당근, 시금치, 청경채, 아욱, 가지, 비트, 배추, 적양배추, 콜리플라워, 무, 연근, 콩나물, 아스파라거스, 부추, 파프리카, 병아리콩, 완두콩, 근대, 케일, 새송이버섯, 양송이버섯, 느타리버섯, 아보카도	• 비타민이 풍부해 면역 체계를 강화하고, 항산화 작용을 해요. • 식이섬유가 풍부해 소화를 촉진하고, 장 건강을 유지해요. • 피로 회복과 신진 대사에 기여해요.

＊ 이유식 식단 구성의 편의상 영양소인 '탄수화물', '단백질'과 '채소'를 같은 카테고리로 분류했어요.

＊ 책에 담긴 식재료를 기준으로 기재했어요.

＊ 병아리콩, 완두콩은 콩류에 속해 '식물성 단백질'로 볼 수 있지만, 열매채소이기도 해요. 이 책에서는 '채소'로 분류했어요.

＊ 아보카도는 과일류에 속하지만, 이 책에서는 '채소'로 분류했어요.

Compatibility

탄·단·채 이유식 식재료 궁합

재료 간 궁합을 알아두면, 식단 짜거나 요리할 때 얼마나 유용한지 몰라요. 나쁜 궁합은 되도록 안 먹이려 노력하고, 좋은 궁합은 자주 조합해서 조리해 주세요.

구분	식재료	나쁜 궁합	좋은 궁합
탄수화물	고구마	땅콩, 소고기	브로콜리, 당근, 사과, 감자, 밤, 양배추, 비트
	감자	바나나	고구마, 양송이버섯, 마, 치즈, 우유
	옥수수	흰살생선	콩, 계란, 우유
단백질	소고기	고구마, 밤, 부추	브로콜리, 시금치, 당근, 애호박, 콩나물, 새송이버섯, 팽이버섯, 표고버섯, 아욱, 무, 배, 두부, 비타민
	닭고기	검은깨, 자두	브로콜리, 시금치, 표고버섯, 당근, 단호박, 고구마, 청경채, 콩나물, 배추, 비트
	흰살생선	옥수수	완두콩, 두부, 브로콜리, 양배추, 무, 당근, 양파, 계란 노른자
	계란	-	호박, 당근, 시금치, 청경채, 오이, 당근
채소	당근	무, 오이	양파, 시금치, 계란, 고구마
	양파	-	당근, 호박, 시금치, 사과, 치즈, 양배추, 콩나물, 우유
	시금치	근대, 두부	당근, 양파, 바나나, 사과, 계란, 닭고기, 우유
	양배추	-	흰살생선, 사과, 우유, 브로콜리, 양파, 고구마, 치즈
	콩나물	-	소고기, 닭고기, 양파
	단호박	-	닭고기, 계란
	오이	무, 땅콩, 당근	계란, 토마토, 사과
	사과	-	고구마, 양배추, 양파, 시금치, 오이
	바나나	감자	우유, 호박, 시금치
	케일	-	감자, 사과, 소고기
	완두콩	-	현미, 소고기, 밀
	파프리카	-	브로콜리, 당근, 아스파라거스, 양파
	아스파라거스	-	토마토, 소고기
	아보카도	-	토마토, 레몬, 계란, 아스파라거스, 양파
	양송이버섯	-	감자
	콩	치즈	다시마, 미역
유제품	치즈	콩	브로콜리, 양파, 감자, 양배추
	우유	-	시금치, 양파, 양배추, 감자, 바나나

Preparation List

이유식 준비물

처음부터 모든 준비물을 완벽히 갖추고 시작하려 하면, 더 어렵게 느껴질 수 있어요. 검색하면 할수록 정보의 홍수에 '풍덩' 빠지기 쉽거든요. 이유식 준비물을 구매하기 전에 사랑맘의 생생 후기를 들어보세요! 고민하는 시간이 줄고, 아무지게 준비할 수 있어요.

---

1. 실리콘 큐브

이유식을 소분해 냉동 보관할 큐브는 필수예요. 끼니마다 소량씩 조리하기가 현실적으로 어렵거든요. 그런데 큐브의 브랜드와 종류, 용량이 다양해도 너무 다양해요. 덕분에 가장 고민했던 아이템이기도 합니다. 여러 브랜드를 두루두루 써보고 난 저의 결론은, 대체로 다 괜찮습니다! 후기를 살펴보면 장단점이 미세하게 갈리는데, 결국 기능은 비슷해요. 국내산인지, 뚜껑의 밀폐력은 어떤지 등 각자 중요하게 생각하는 점을 살펴서 선택하면 되겠습니다. 참고로, 전 '홍스파파' 제품에 가장 손이 많이 갔어요.

큐브를 해동할 때는 '실리만 계란찜기' 제품을 정말 잘 썼어요. 전자레인지, 찜기 모두 사용 가능하고, 실리콘 뚜껑도 있어 냉동 큐브의 수분이 날아가지 않게 데울 수 있어요.

몇 ml짜리 큐브를 사야 하는지도 고민되죠? 재소용, 고기용, 쌀죽용으로 구분해서 15ml, 30ml, 60ml 세 가지 정도만 먼저 구매해 보세요. 진행하면서 '밥 얼릴 틀이 부족하네' 싶으면 60ml 하나 더 주문하고, '작은 큐브가 손이 많이 가네' 싶으면 15ml 하나 더 주문해도 괜찮아요.

---

2. 냉동 보관 용기

다 얼린 큐브를 냉동실에 그대로 1~2주 두게 되면, 보관상 문제도 있고 계속 큐브가 필요하게 돼요. 그래서 냉동된 큐브들은 별도의 냉동 보관 용기에 보관하는 게 깔끔하고 안전해요. 저는 '땡스소윤 냉동용기'를 사용했어요. 가볍고 편하게 쓰기 좋아요.

---

3. 도자기 이유식 용기

후기가 되면 밥양이 많아져 더 이상 실리콘 큐브에 담기지 않아요. 무른밥, 진밥을 보관할 용도로 도자기 용기를 사용하면 편해요. 소스, 수프 등을 보관할 때도 유용해요. 냉동 큐브를 해동할 때 쓰기도 해요. 도자기 이유식 용기의 기능과 품질도 대체로 비슷해서 마음에 드는 디자인, 국내산 여부 등을 살펴서 고르면 될 것 같아요.

4. 이유식 스푼

저는 이유식 스푼을 다양하게 구비해 두었어요. 아기가 식사할 때 자주 떨어뜨리기도 하고요. 큐브 해동 후 식판에 덜 때도 사용하게 돼서 급할 때, 설거지가 안 돼 있을 때 여분의 스푼이 큰 힘이 돼요. '꼬꼬노리', '모두아이', '주니', '베이비본', '브릭오' 등을 쓰고 있어요.

5. 이유식 식판

토핑 이유식의 필수품이에요. 죽과 토핑이 섞이지 않게 확실히 구분해 줍니다. 요즘엔 엄마 취향 저격하는 감성템이 많이 나와서 이것저것 고르는 재미가 있어요. 모양도 예쁘지만, 기능도 나날이 진화해요. 실리콘 소재가 대부분이고, 바닥에 흡착판이 부착된 제품이 많아서 아기가 이유식을 쏟거나 엎는 걸 방지해요.

　이유식 하기 전부터 찜해놓은 곰돌이 흡착 식판은 'URVS' 브랜드 제품이에요. SNS 감성템으로 유명한데, 어떤 음식을 담아도 예쁘고 곰돌이 모양도 귀여워요. 옥수수, 밀 등의 식물성 원료로 만든 '네스틱' 식판은 따로 그릇이 분리되어 편리해요. '타이니트윙클', '비마이매직' 브랜드의 식판도 잘 쓰고 있답니다.

6. 이유식 볼

죽, 밥을 담는 용도로 쓰고, 수프, 국수류 등을 담을 때도 써요. 유아식으로 넘어가 한 그릇 요리를 하게 될 때도 유용하게 사용해요. 시중의 실리콘 흡착볼이 대체로 비슷한 품질이라 귀여운 모양의 제품으로 골랐어요.

7. 이유식 턱받이

아직 아기는 이유식 먹는 게 서툴러서 흘리는 양이 엄청 많아요. 3~4개 사 두면 유용하게 쓸 거예요. 실리콘 재질도 괜찮고, 방수 재질도 가벼워서 편해요. 귀엽고 사랑스러운 아이템으로 구비해 두면, 이유식 먹일 때 엄마 기분도 좋아져요. '슈너글', '베이비본', '범킨스' 브랜드를 사용해요.

8. 전자저울

이유식 배죽 만들 때, 아기 요리 계량할 때 유용해요. 'Mosasaur' 브랜드의 스테인리스 가정용 전자저울을 사용해요. 미세한 무게도 정확하게 잘 감지해 줘요. 귀여운 디자인의 '주니' 하트 저울도 편하게 쓰고 있답니다.

9. 초퍼

'다지기'라고도 하는데, 요즘에는 '초퍼'라는 명칭이 더 익숙해요. '닌자' 초퍼가 잘 갈리기로 유명해 이유식 할 때 정말 많이 써요. 초기 때부터 쌀이나 고기, 채소 입자를 갈기 좋아요. 재료를 섞어 베이킹용 반죽을 만들 때도 유용한 만능템! 세척이 빠르고 편해서 손이 자주 가요. 베이비무브의 믹서와 병행해 썼는데, 매일 하는 이유식의 속도가 훨씬 빨라져요. '믹서 + 초퍼' 환상의 팀워크로 사랑맘 이유식·유아식 공장은 오늘도 원활히 가동 중입니다.

10. 이유식 마스터기

이유식 시작할 때 찜기와 믹서가 함께 되는 '베이비무브' 제품을 많이들 추천하더라고요. 아무래도 사용하는 시기가 한정적일 것 같아서 새 제품보다 당근마켓을 열심히 검색! 아주 좋은 가격에 들였어요. 사용해 보니 찜기의 열 오르는 속도도 빠르고, 믹서기도 무난하게 잘 갈려요. 무게감도, 크기도 과하지 않아서 이 정도면 부담 없이 사용하기 괜찮다고 느꼈어요. SSGP 냄비집게도 함께 사용하면 편리해요.

11. 이유식 칼

이유식 칼로 유명한 제품은 '퓨어코마치', '글라스락' 정도예요. 인지도 면에서 퓨어코마치가 압도적이더라고요. 근데 요것이 엄청 날카로워서 손 베인 분들이 많다는 후기를 보고, 슈퍼 덜렁이인 사랑맘은 패스! 무난한 후기의 글라스락으로 구매했는데 저와 잘 맞지는 않았고요. 지금은 주로 '글로벌 나이프'를 써요.

12. 이유식 도마

도마는 교차 오염 방지를 위해 고기용, 채소용 최소한 두 가지로 구분해 사용하는 게 좋아요. 특히 여름철에 도마 위생은 각별히 유의해요. 사용 후 바로 꼼꼼히 씻어 물기 없이 잘 말리는 게 중요해요. 도마 브랜드가 정말 다양한데, '베누디' TPU 도마를 구매해 지금껏 잘 쓰고 있어요.

13. 이유식 조리도구

'블루마마 모두아이 실리콘 이유식 조리도구' 4종 세트를 구매해 유용하게 사용하고 있어요. 스패츌러, 국자 등이 포함돼 있어요. 식재료와 직접 닿는 도구라 새 제품 구매 후 열탕 소독해서 사용했어요. 실리콘 조리도구는 음식 냄새가 배기 쉬워 무향 세제를 사용하면 좋아요. '실리만', '비마이매직' 스패츌러도 잘 쓰고 있어요.

14. 이유식 냄비

'멜로우 마블팬' 16cm, 24cm 크기를 구매해서 유용하게 쓰고 있어요. 작은 사이즈는 적은 양의 토핑이나 아기 요리 1인분을 조리하기 좋아요. 오일을 소량 두르고 아기 팬케이크 굽기도 편해요. 큰 사이즈는 중기 이후 쌀죽을 많이 만들기 시작하면 잘 사용해요. 팬과 냄비의 기능을 적당히 다 가지고 있어 두루두루 쓰기 편해요. 이유식은 잘 익히는 게 중요한데 뚜껑 덮고 잔열로 익히기도 좋습니다.

15. 실리콘 찜기

'실리만 계란찜기' 제품을 구매해 너무 잘 쓰고 있어요. 전자레인지에 사용 가능한 용기라 간단하게 야채를 익히거나 큐브를 해동할 때도 편해요. 찜기에 넣고 중탕 용도로 써도 돼요. 하나쯤 갖고 있으면 잘 쓰일 제품입니다.

16. 쌀가루

'아이보리' 쌀가루 제품이 가장 유명해요. '초기 4종 세트' 등 필요한 구성도 잘 되어 있어요. 전 시할아버지가 직접 농사지어 보내주신 쌀이 있어서 직접 쌀을 불리고 갈아서 이유식을 했어요. 다시 돌아봐도 뿌듯한 기억이지만, 만약 초기 이유식으로 다시 돌아간다면 시판 쌀가루로 만드는 게 훨씬 편할 것 같아요.

TIP 이밖에 육수·채수 얼리는 용도로 '유니맘 모유저장팩'을 사용했어요. 또 이유식 용품만 건조하는 용도로 '라라밤 식기건조대 초슬림 2단'을 유용하게 잘 쓰고 있어요. 계량컵은 '파이렉스 이유식 유리 계량컵'을 가장 흔하게 사용한답니다.

PART 2

초기
이유식

만 6개월

for
6months
baby

1. 초기 이유식 시기와 질감

만 6개월부터 초기 이유식을 시작했어요. 아기가 머리와 목을 가눌 수 있고, 어른이 먹는 것에 관심을 보이면 이유식 시작할 때가 되었다는 신호예요.

아기 생애 첫 쌀미음은 보통 시판 쌀가루, 혹은 불려서 갈아낸 쌀로 시작합니다. 처음이라 곱게 갈되 체에 거를 필요까진 없어요. 저는 약간의 입자감을 남겼어요. 다음 단계로 질감을 높이는 데 도움이 됩니다. 첫 쌀미음의 질감은 수프보다 약간 묽은 정도예요. 숟가락으로 떴을 때 주르륵 흐르는 점도입니다. '불린 쌀 10배죽 = 쌀가루 20배죽'이 같은 농도예요. 불린 쌀은 불리면서 머금은 수분 때문에 쌀가루 대비 물이 반만 필요해요. 10배죽으로 시작해 9배죽, 8배죽, 7배죽으로 점진적으로 물은 줄이고 질감을 높이는 게 목표예요. 반찬에 해당하는 토핑 역시 푹 익혀 초퍼에 갈되 체에 거르지는 않았어요. 재료마다 수분 정도가 다르기에 처음엔 물을 2~3큰술에서 5~6큰술까지 넣어 촉촉하게 제공해요.

2. 초기 이유식 횟수와 시간

초기 이유식은 1일 1회를 기본으로 해요. 저는 오전 10시경에 이유식을 주었어요. 어느 정도 적응이 되면, 중기 전에 1일 2회를 시도해 봐도 좋아요. 수유는 하루 4회를 기준으로 했어요. 너무 배가 고플 때나 잠이 쏟아질 때 이유식을 시도하면 아기가 보챌 수 있어요. 이 때문에 수유 시간 30분 전에 이유식을 제공하면 좋습니다. 초기 때는 간식을 제공하지 않아도 괜찮지만, 과일퓨레 등 가벼운 간식을 1일 1회 정도 먹여봐도 좋아요.

* 초기 이유식 하루 시간표 *

오전			오후			
7시	10시	10시 30분	2시	2시 30분	5시	7시
수유	이유식	수유	간식	수유	간식 (먹일 경우)	수유

3. 초기 이유식 한 끼 양

한두 숟가락부터 시작하여 서서히 양을 늘렸어요. 초기 쌀미음은 '불린 쌀 10배죽' 약 30~60ml를 기준으로 해요. 고기 토핑은 약 10~15ml, 채소 토핑은 약 10~15ml 분량으로 제공해요. 한 끼에 총 50~90ml 정도가 기준이에요. 하루 수유 권장량은 약 700~1,000ml입니다. 권장량을 참고하며 되도록 맞추려 노력했지만, 오늘 다 채우지 못했다고 스트레스 받을 필요는 없어요. 무리하지 않고 아기의 상태를 관찰하면서 서서히 이유식 양을 늘리고, 수유량을 줄여나가면 돼요.

4. 초기 이유식 알레르기

초기 이유식 때 가장 중요한 미션! 바로 새로운 음식에 대한 알레르기 반응을 살피는 겁니다. 한꺼번에 여러 재료를 혼합해 제공하면, 어떤 음식에 대한 반응인지 알 수 없겠죠? 한 가지 재료를 3일씩 먹이며 반응을 살펴야 해요. 음식에 대한 알레르기 반응은 발진이나 두드러기 등의 피부 반응, 기침이나 콧물, 호흡곤란 등의 호흡기 증상, 구토나 설사, 복통 등의 위장 관련 증상 등이 있어요. 특히 새로운 재료를 처음 시도할 때는 되도록 오전 시간에 먹이도록 해요. 만약 이상 반응이 생기거나 응급한 상황이 발생한다면, 바로 병원에 가는 등 대처할 시간이 필요하니까요.

새로운 음식을 먹인 후 2시간까지는 정밀한 관찰이 필요해요. 사랑이는 소고기를 먹고 입 주변에 알레르기 반응이 올라왔는데, 처음엔 너무 놀랐는데 차츰 괜찮아졌어요. 이렇게 입 주변이나 피부에 울긋불긋하게 올라온다면, 어떤 음식을 먹고 반응이 있었는지 꼭 기록해 주세요. 사진 혹은 영상을 남겨두는 것도 좋습니다. 전날 약한 알레르기가 올라왔던 음식을 다음 날 다시 먹였을 때 괜찮아지는 경우도 있어요. 하지만 반응이 계속 올라오거나 더 심해진다면, 그 음식은 먹이는 걸 잠시 중단하고 2~3주 후에 다시 먹여보세요. 그때도 이상 반응이 있다면 소아과 전문의 선생님께 진료를 받아보는 게 좋아요.

5. 초기 이유식 참고 사항

• 밀가루 도입, 늦추지 않아도 돼요

예전에는 밀가루 같은 알레르기에 민감한 식재료를 되도록 늦게 노출했는데요. 최근 이유식 지침이 바뀌면서 밀가루 도입을 늦출 필요가 없으며, 오히려 생후 7개월 전에 먹여야 알레르기 확률을 낮출 수 있다고 해요. 죽을 끓일 때 밀가루를 한 꼬집 넣어 완전히 익힌 후 아기에게 제공하면 돼요. 밀가루 테스트를 완료한 후에는 가능한 자주 먹이기를 권장하고 있어요. 일주일에 한 번 정도만 노출해도 도움이 된다고 해요.

• 질산염 채소, 6개월 전에 안 돼요

시금치, 당근, 무, 배추, 비트 등은 질산염이 함유된 채소예요. 이유식을 만 6개월 이전에 시작한 아기에게 질산염 채소를 먹이면 안 돼요. 만 6개월 이후에 먹이는 게 안전해요. 저는 이 채소들은 중기 때부터 먹였어요.

• 사랑이는 초유밀을 먹었어요

하루에 한 번 사랑이에게 초유밀을 먹였어요. 이유식과 함께 먹이거나 분유에 타서 제공했어요. 초유는 출산 직후 분비되는 유즙이에요. 단백질, 무기질, 비타민을 비롯해 각종 면역 성분이 함유되어 있어요. 각종 감기와 잔병치레 예방에 도움이 되길 바라며 꾸준히 먹였답니다. 일동후디스 '초유밀 Plus 1'을 이상 반응 없이 잘 먹었어요. 하지만 초유밀 또한 아기에 따라 반응이 다를 수 있으니 처음엔 소량만 먹인 후 반응을 살펴보세요.

사랑이에게 제공한 초기 이유식 한 끼입니다. 탄수화물 1종, 단백질 1종, 채소 1종을 기본으로 구성했어요. 입자감은 참고만 하고 아기에 맞게 점진적으로 늘려나가요.

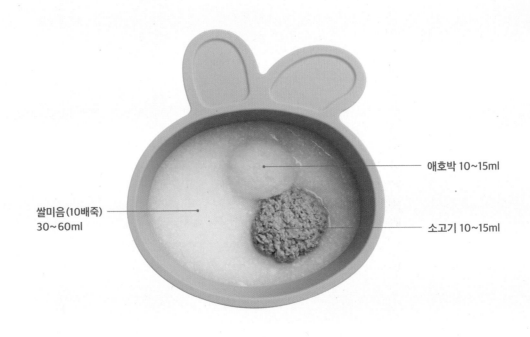

애호박 10~15ml

쌀미음(10배죽)
30~60ml

소고기 10~15ml

닭고기 10~15ml

오트밀(10배죽)
10~15ml

쌀미음(10배죽) 30~50ml

브로콜리 10~15ml

·초기 이유식 식단표·

쌀미음으로 시작해 소고기 토핑을 더해요. 새로운 채소 역시 하나씩 시도합니다. 소고기는 닭고기 등 다른 단백질로 대체
가능해요. 식단을 짜면 3일 간격으로 새로운 재료를 소개하는 이유식 원칙을 지키기 쉬워요. 재료에 대한 알레르기 반응
이 있을 때 체크하기도 용이합니다. '탄·단·채'의 균형 역시 한눈에 파악돼요. 어른도 식단을 짤 때 '탄·단·지'의 균형이 중
요하잖아요. 아직 소화 기능이 발달하지 않은 아기를 위해 지방은 덜어내고 채소를 더한다고 생각하면 될 것 같아요. 하지
만 아래 식단대로 꼭 먹여야 한다는 부담은 갖지 마세요. 엄마가 즐겁게 이유식을 시작해야 아이도 즐겁게 먹어줍니다.

		D+1	D+2	D+3	D+4	D+5	D+6
오전	탄	쌀미음				쌀미음	
	단·채					소고기	

		D+7	D+8	D+9	D+10	D+11	D+12
오전	탄	쌀미음, **오트밀**				쌀미음	
	단·채	소고기				소고기, **애호박**	

		D+13	D+14	D+15	D+16	D+17	D+18
오전	탄	쌀미음				쌀미음	
	단·채	소고기, **브로콜리**				소고기, **양배추**	

		D+19	D+20	D+21	D+22	D+23	D+24
오전	탄	쌀미음				쌀미음	
	단·채	소고기, **오이**				소고기, **단호박**	

		D+25	D+26	D+27	D+28	D+29	D+30
오전	탄	쌀미음, 오트밀				쌀미음, **감자**	
	단·채	**닭고기**, 브로콜리				소고기, 양배추	
오후	탄	쌀미음				쌀미음	
	단·채	소고기, 애호박				소고기, 단호박	

* 식단표는 예시입니다. * 새로 추가되는 재료는 볼드 처리했어요.
* '탄'은 탄수화물, '단'은 단백질, '채'는 채소입니다.
* 초기 쌀미음은 10배죽이 기준입니다.
* 매일 소고기, 닭고기 등의 육류로 단백질과 철분을 섭취합니다.

탄수화물

쌀미음
(불린 쌀, 10배죽)

출산한 게 엊그제 같은데 사랑이가 생애 첫 쌀미음을 맛본다니! 너무 설레고 떨리고 긴장도 되고 그야말로 만감이 교차했죠. 쌀가루를 구매할까? 불린 쌀을 갈아줄까? 열심히 고민하다가 시할아버지께서 직접 농사 지이 보내주신 귀한 쌀을 먹이고 싶어 불리고 갈아 첫 쌀미음을 민들었어요. 시판 쌀가루보다 입자감이 실아있어 다음 단계로 넘어가기 수월한 장점이 있어요. 자, 떨리는 마음을 가다듬고 같이 시작해 보아요.

영양소

- ☑ **탄수화물** | 활동적인 아기에게 안정적인 에너지원이 되어요.
- ☑ **비타민 B** | B1, B2, B6가 함유돼 인체 대사에 중요한 역할을 해요.
- ☑ **식이섬유** | 소화를 촉진하고 체내 노폐물을 배출해요.

재료

- 쌀 30g
  (불려서 간 후 40g)
- 물 400ml

완성

- 60ml 큐브 5개

tip 1

30g의 쌀을 1시간 이상 불렸더니 40g이 되었어요. 10배죽을 만들 때는 '불린 후' 쌀의 10배 분량으로 물을 준비해요.

tip 2

똑같은 양을 조리해도 완성량이 다를 수 있어요. 쌀을 불린 시간, 조리 시간, 불의 세기가 완전히 같을 순 없거든요. 원물 양은 같지만, 오래 끓일수록 수분이 날아가요. 점도가 너무 되직할 때는 물을 약간 더 부어도 돼요. 너무 묽을 때는 좀 더 끓여도 됩니다. '배죽'에 너무 얽매이기보다 아기가 잘 먹는 방향으로 해주세요. 또 완전히 익히는 게 중요한 시기예요. 조리 후 뚜껑을 닫고 잔열로 뜸을 들이면, 수분도 보존하고 완전히 익히는 것도 가능해요.

1. 1시간 이상 불려 초퍼에 갈아낸 쌀 40g을 준비해요. 초기여서 곱게 갈되 약간의 입자는 남겨두었어요.

2. 찬물 400ml에 갈아둔 쌀을 넣어요. 물이 뜨거워지면 쌀이 끈끈하게 덩어리질 수 있으니 찬물에서 조리를 시작해요.

3. 스패출러로 꼼꼼히 저어 쌀가루를 잘 풀어준 후 중불에서 조리를 시작해요.

4. 보글보글 끓어오르면 약불로 줄여 7~8분간 계속 저어가며 익혀요. 마지막에 뚜껑을 닫고 잠시 뜸을 들여도 좋아요.

5. 자, 점도 확인할게요. 약간의 점도가 있으면서 수프처럼 주르륵 흘러내리는 이 정도가 딱 적당합니다.

6. 60ml 큐브 5개에 나눠 담았어요. 큐브 크기에 따라, 아기 먹는 양에 따라 소분 양을 조절해 주세요!

쌀미음
(쌀가루, 20배죽)

시판 쌀가루를 이용하면 가장 간편하고 쉽게 첫 이유식을 시작할 수 있어요. 찬물에 쌀가루를 잘 풀어 끓이기만 하면 끝! 집에서 불린 쌀을 가는 것보다 입자감이 고운 편이라 만약 아기가 입자감 있는 이유식을 거부한다면, 시판 쌀가루로 다시 시도해 보는 것도 방법입니다. 쌀밥을 주식으로 하는 우리 식습관에 아이가 잘 적응할 수 있도록 돕는 첫걸음, 노력과 정성을 아끼지 말자고요.

영양소

☑ **탄수화물** | 활동적인 아기에게 안정적인 에너지원이 되어요.

☑ **비타민 B** | B1, B2, B6가 함유돼 인체 대사에 중요한 역할을 해요.

☑ **식이섬유** | 소화를 촉진하고 체내 노폐물을 배출해요.

재료

- 시판 쌀가루 20g
- 물 400ml

완성

- 60ml 큐브 5개

1. 시판 쌀가루 20g을 준비해요.

2. 찬물 400ml에 쌀가루를 넣어요. 물이 뜨거워진 후 쌀가루를 부으면 끈끈하게 뭉칠 수 있으니 주의!

tip

왜 불려서 간 쌀은 40g을 넣었는데, 시판 쌀가루는 20g만 넣을까? 물 양은 400ml로 동일한데 말이에요. 쌀을 불리면서 수분이 흡수되었기 때문이에요. 불린 쌀은 그만큼 수분의 무게가 더 나가요. 시판 쌀가루는 그의 반만 넣어도 같은 결과가 돼요. '불린 쌀 10배죽 = 쌀가루 20배죽'이 같기에 둘 중에 편한 방법으로 첫 쌀미음을 만들면 돼요.

3. 스패출러로 잘 저어 쌀가루를 풀어준 후 중불에서 끓이기 시작해요.

4. 보글보글 끓어오르면 약불로 줄여 5~6분간 계속 저어가며 끓여요. 마지막에 뚜껑을 닫고 잠시 뜸을 들여도 좋아요.

pick

아이보리 초기 쌀가루 1단계를 사용했어요. 입자감을 느끼게 하고 싶다면, 초기 쌀가루 2단계를 사용해도 좋습니다.

5. 자, 점도 확인할게요. 약간의 점도가 있으면서 수프처럼 주르륵 흘러내리는 이 정도가 딱 적당합니다.

6. 60ml 큐브 5개에 나눠 담았어요. 큐브 크기에 따라, 아기 먹는 양에 따라 소분 양을 조절해 주세요!

오트밀
(10배죽)

귀리를 먹기 좋게 부수거나 납작하게 누른 오트밀! 건강한 탄수화물 공급원으로 각광받고 있죠. 식이섬유를 비롯해 각종 영양소가 풍부하고 알레르기 일으킬 확률도 적어서 사랑이 첫 잡곡으로 '픽'했답니다. 사랑이 이유식을 만들 때는 입자감과 식감이 가장 부드러운 '퀵 오트밀'을 사용했어요. 물과 함께 오트밀을 곱게 갈아 10배죽으로 시작해요.

영양소

☑ **비정제 탄수화물** │ 천천히 소화 흡수되어 포만감을 유지하고, 당을 급격히 올리지 않아요.

☑ **베타글루칸** │ 수용성 식이섬유로 면역 세포를 활성화하고, 나쁜 콜레스테롤을 줄여요.

☑ **식이섬유** │ 백미의 10배에 해당하는 식이섬유가 함유돼 있어요.

재료

- 퀵 오트밀 20g
- 물 200ml

완성

- 15ml 큐브 9개

tip

오트밀 큐브를 해동해 쌀죽 옆에 놓아주기도 하고, 사과, 배, 블루베리 등 비타민 가득한 과일을 곁들여 주기도 했어요. 오트밀은 과일과의 궁합이 아주 좋아요. 쌀과 오트밀을 4:1 비율로 배합해 처음부터 잡곡죽으로 만들어도 좋답니다.

1. 오트밀과 물을 초퍼에 함께 넣고 부드러운 입자로 갈아요. 끓이기 전에 갈아야 오트밀 입자가 엉겨붙지 않아요.

2. 잘 갈아진 재료를 냄비에 붓고 중불로 끓이기 시작해요.

3. 바닥에 눌어붙지 않도록 스패출러로 잘 저어야 해요.

4. 확 끓어오르면 약불로 줄이고 2분 정도 더 끓여요. 뚜껑을 닫고 잔열로 뜸을 들이면 더 부드럽게 퍼져요.

5. 약간 되직한 수프처럼 흘러내리는 정도가 되면 완성입니다.

6. 큐브에 소분해 냉동 보관해요.

감자

탄수화물

맛있게 쪄진 감자는 포슬포슬 담백하고 구수한 맛이 나죠. 아이가 밥맛 없거나 쌀죽을 거부할 때 감자를 대용으로 주면 훌륭한 탄수화물 공급원이 되어줍니다. 또 앞으로 만들게 될 수많은 간식의 훌륭한 주재료가 되어주니 초기 때 맛에 적응해 놓으면 여러모로 좋겠죠?

영양소

- ☑ **탄수화물** | 성장과 발달에 필요한 에너지를 공급해요
- ☑ **비타민C, B6** | 면역 강화, 신경 발달, 혈압 조절에 도움을 줘요
- ☑ **식이섬유** | 아기의 소화 기능을 개선하고, 장 건강을 도와요

재료

- 감자 1개
  (껍질 제거 후 100g)

완성

- 15ml 큐브 7개

조기

1. 흙을 깨끗이 닦아내고 채칼로 껍질을 벗겨요.

2. 칼로 3등분으로 잘라요.

tip 1

싹이 조금이라도 난 감자는 이유식 재료로 사용하지 마세요. 독 성분인 솔라닌이 생겨 아기 몸에 해로울 수 있어요.

tip 2

감자를 찜기가 아니라 전자레인지나 에어프라이어에 익혀도 괜찮아요. 전자레인지 사용 시 약 5~7분, 에어프라이어 사용 시 25~35분 정도면 익더라고요. 편한 방법을 사용하면 됩니다.

3. 찬물에 가볍게 한번 헹궈주면 떫은맛을 한번 더 흘러보낼 수 있어요.

4. 찜기에 약 20분간 쪄요. 젓가락으로 푹 찔러서 익었는지 확인해요.

5. 잘 익은 감자를 한 김 식혀주고 볼에 담아 포크나 매셔로 으깨요.

6. 물을 2~3큰술 넣어주면 훨씬 부드럽게 으깨집니다.

7. 큐브에 소분해 냉동 보관해요.

소고기

소고기는 이유식에서 매우 중요한 역할을 하는 재료예요. 가장 처음 섭취하는 육류이기도 해요. 아기는 6개월간 버틸 수 있는 철분을 엄마에게서 받아서 체내에 가지고 태어나는데요. 6개월이 되어가면 체내 철분이 거의 소진되어서 꼭 음식으로 섭취해야 해요. 이유식 시작이 6개월을 지나면 안 되는 이유 역시 철분 부족 때문이고요. 이토록 중요한 소고기 먹이기 미션, 즐거운 마음으로 시작해 볼까요?

영양소

☑ **단백질** | 근육 발달, 세포 구조 형성에 도움을 줘요

☑ **철분** | 혈액 형성에 중요한 역할을 해요.

☑ **아연** | 성장을 돕고 면역 체계를 강화해요.

재료

- 소고기 100g
  (안심, 우둔, 설도 등 기름기
  적은 부위)

완성

- 15ml 큐브 7개

········ tip 1 ········

'채소 먼저? 고기 먼저?' 이유식 시작할 때 쌀 다음으로 채소 먼저 먹일지, 고기 먼저 먹일지 고민일 수 있는데요. 이렇게 생각하면 편해요. 6개월 이전에 비교적 이른 이유식을 시작한다면 채소 먼저 먹여도 무방해요. 하지만 6개월 이후에 이유식을 시작하면서 육류보다 채소를 먼저 먹이면, 철분 섭취가 꼭 필요한 시기를 놓칠 수 있어요. 단백질의 하루 권장량은 초기 이유식 때 10g 중기 때 20~30g 후기 때 40~50g이 적당합니다.

········ tip 2 ········

소고기를 끓인 육수는 정말 보물이에요. 중기 이후 베이스죽을 만들 때나 베이비 파스타, 리조토, 국수, 계란찜 등에 다양하게 사용할 수 있거든요. 육수는 유리용기나 지퍼백, 모유저장팩 등에 담아서 얼려줍니다. 전 모유저장팩이 편해서 자주 썼어요. 특히 초기·중기 땐 100ml 정도로 소량씩 얼려둔 팩을 유용하게 사용했어요. 육수팩에 네임펜으로 종류와 날짜를 써두면, 나중에 다른 육수와 헷갈리지 않고 만든 순서대로 잘 쓸 수 있어요.

1. 소고기를 흐르는 찬물에 30초 이내로 씻어내요. 너무 오랜 시간 찬물에 담가두면 철분이 지나치게 빠져나갈 수 있어요.

2. 소고기를 익히기 좋은 크기로 듬성듬성 잘라요.

3. 물이 끓으면 냄비에 소고기를 넣고 약 10~15분 익혀줍니다.

4. 끓을 때 위로 올라오는 거품을 중간중간 걷어내 주세요.

5. 소고기가 다 익으면 건져내 한 김 식혀요.

6. 소고기를 초퍼에 넣고 갈아줍니다. 이때 소고기 삶은 육수를 한 국자 떠서 함께 넣어주면, 퓨레처럼 부드럽게 갈려요.

7. 큐브에 소분해 냉동 보관해요.

닭고기

소고기 이후 처음 먹이는 육류, 바로 닭고기입니다. 항상 새로운 재료를 먹일 때 설렘과 긴장이 공존하는데요. 닭고기를 먹일 때는 나중에 함께 치킨 먹는 상상을 하며 즐겁게 손질했던 기억이 나요. 보통 지방이 적은 가슴살과 안심을 주로 사용하는데, 이유식용으로는 좀 더 부드러운 안심을 추천해요. 사랑이는 무항생제 닭 안심을 쭉 먹였답니다.

영양소

☑ **단백질** | 아기의 근육 발달과 세포 구조 형성을 도와요.

☑ **비타민 B, D** | 적혈구 형성, 신경계 정상화, 뼈 건강을 도와요.

☑ **아연, 철분** | 면역 체계를 강화하고, 혈액을 형성해요.

재료

• 닭 안심 1팩 300g

완성

• 15ml 큐브 16개

1. 닭고기는 흐르는 찬물에 가볍게
   헹군 후 차가운 분유물이나 우유에
   20분 정도 담가요. 누린내 잡는
   효과가 있어요.

2. 닭고기의 얇은 근막과 질긴 힘줄을
   제거해 줍니다.

············ tip ············

신선한 닭을 샀다고 해도 냉장실, 냉
동실에 너무 오래 두면 누린내가 올
라오고 세균이 번식할 수 있어요. 되
도록 구매하자마자 바로 익혀서 큐
브에 냉동 보관하기를 추천해요. 아
기들은 혀의 역치가 낮아서 누린내
와 비린 맛을 경험하면 그 음식에 대
해 거부감이 생길 수 있어요. 신선할
때 익혀서 보관해야 안전하고 맛있
게 먹일 수 있겠지요?

3. 손질한 닭고기를 끓는 물에 약
   15~20분간 푹 삶아요.

4. 불순물이 떠오르면 중간중간
   국자로 제거해요.

5. 잘 익은 닭고기를 한 김 식힌 후
   초퍼에 갈아요. 좀 뻑뻑할 수
   있으니 닭육수를 한 국자
   넣어줄게요.

6. 잘 갈린 닭고기를 큐브에 소분해
   냉동 보관해요. 닭을 끓인 육수도
   모유저장팩, 유리용기 등에
   꼭 보관해요.

···········(닭 안심 힘줄 제거법)···········

이 순서만 따라하면 전혀 어렵지 않아요. 1) 안심을 펼쳐요. 2) 하얀 힘줄의 끝을 잡아요. 3) 한손으로 힘줄을 잡고, 칼로 힘줄에 붙은 살을 긁으며 바깥쪽으로 밀어요. 4) 안심을 반대로도 뒤집어 나머지 힘줄도 정리해 주면 완료! 근막 역시 끝부분을 잡고 이렇게 뜯어내면 됩니다.

애호박

부드러운 식감과 달달한 맛, 애호박은 이유식의 첫 채소로 적합해요. 소고기와 닭고기 등 육류와 잘 어울리고, 알레르기 반응도 비교적 적은 편이거든요. 애호박을 시작으로 채소 토핑을 3일에 하나씩 추가하면서 아기의 반응을 살펴주세요.

영양소

- ☑ **베타카로틴** | 비타민A로 변환되어 눈 건강, 면역 체계를 강화해요.
- ☑ **비타민C** | 철의 흡수를 돕고 항산화 작용을 해요.
- ☑ **식이섬유** | 소화를 촉진하고 장 건강을 유지해요.

재료

- 애호박 1개
  (껍질과 씨 제거 후 150g)

완성

- 15ml 큐브 9개

1. 애호박의 양 끝부분을 칼로 잘라내요.

2. 애호박의 껍질을 채칼이나 칼로 벗겨요.

애호박 껍질은 섬유질 성분이 풍부해서 이유식을 처음 시작한 아기에게 다소 부담이 될 수 있어요. 가운데 씨 부분도 알레르기 반응을 일으킬 수 있어 초기 이유식 할 때는 껍질과 씨를 모두 제거하는 편이 안전해요. 애호박을 처음으로 땀 뻘뻘 흘리며 손질하던 날, 씨와 껍질을 제거하고 남은 애호박의 양이 너무 적어 혼자 웃었던 기억이 나요. 처음 채소를 접하는 사랑이에게 알레르기 없이 온전한 영양을 듬뿍 주고 싶었던 엄마 마음이랄까요? 아기가 재료에 잘 적응하면 점진적으로 씨와 껍질을 포함해 손질해도 괜찮아요. 저는 중기부터는 애호박 하나를 온전히 섭취할 수 있게 껍질도 포함해 손질하기 시작했답니다.

tip

3. 애호박을 세로로 길게 반으로 자를게요.

4. 가운데 촘촘히 박혀있는 씨를 스푼으로 긁어내요. 칼로 도려내도 됩니다. 편한 방법으로 해도 돼요.

5. 손질한 애호박을 찜기에 약 7~8분 쩌요. 애호박은 익으면 살짝 투명해지는데, 구분하기 어렵다면 젓가락으로 폭 찔러 확인해 주세요.

6. 잘 익은 애호박을 초퍼에 갈아요. 이때 물을 2~3큰술 넣어주면 좀 더 부드럽게 갈려요.

7. 큐브에 담아 냉동 보관해요.

브로콜리

영양 가득 슈퍼푸드 브로콜리는 활용도가 매우 높은 채소예요. 소고기, 닭고기, 흰살생선, 계란, 두부까지 아주 다양한 단백질 재료들과 너무 잘 어울리거든요. 그래서 정말 자주, 많이 만들게 되는 큐브예요. 단, 브로콜리는 매우 촘촘한 꽃송이로 이뤄져 있기에 사이사이 낄 수 있는 흙먼지, 농약, 벌레 등을 깨끗이 세척해야 해요.

영양소

☑ **비타민C** | 면역 체계를 강화하고 항산화 작용을 해요.

☑ **비타민K, 칼슘** | 혈액과 뼈를 건강하고 튼튼하게 해요.

☑ **식이섬유** | 소화를 촉진하고 장 건강을 유지해요.

재료

- 브로콜리 한 송이
  (줄기 제거 후 120g)

완성

- 15ml 큐브 13개

tip

자잘한 꽃송이로 이뤄진 브로콜리는 작은 벌레들이 숨어 서식하기 좋은 환경이에요. 그래서 초기 땐 세척에 정말 신경 썼는데, 순서 3번까지 세척해도 안심이 안 된다면 밀가루 1큰술을 듬뿍 넣어 푼 물에 다시 한번 세척해 주세요. 밀가루가 불순물을 흡착해 제거하는 역할을 해요. 단, 밀가루 테스트 후에 진행하는 것 잊지 마시고요. 초기 때 베이킹소다 세척은 권하지 않아요.

1. 깨끗한 세척이 필수! 송이째 집게로 고정해서 찬물에 10분간 담가요. 송이 전체가 물에 푹 잠겨 있어야 해요. 이후 흐르는 물에 씻어요.

2. 송이 부분만 칼로 잘라요. 초기 땐 굵은 줄기를 거의 제거하고, 중기·후기로 갈수록 줄기 부분을 조금씩 더 남겼어요.

3. 찬물에 식초 1큰술 넣고 다시 5분 담가 소독한 후, 흐르는 물에 여러 번 헹궈요.

4. 찜기에 넣고 약 15~20분간 푹 익혀요.

5. 초퍼에 넣고 갈아요. 이때 물을 2~3큰술 넣으면 더 잘 갈리고, 브로콜리 토핑도 촉촉해져요.

6. 큐브에 소분해 냉동 보관해요.

양배추

위장 건강을 돌보는 데 특효가 있는 양배추는 아기의 속을 편하게 하고, 변비도 예방해요. 푹 쪘을 때 은은하게 올라오는 단맛 덕분에 사랑이도 무난하게 잘 먹어준 채소예요. 다만 너무 오래 익히면 영양 손실이 크다고 해서 찌는 시간을 길지 않게 조절했어요. 또 농약 성분이 걱정돼 무농약, 유기농 제품을 선택했어요.

영양소

☑ **비타민 U** ｜ 위 점막을 회복하고, 세포 재생을 도와요.

☑ **비타민 A, B, C** ｜ 에너지 대사를 돕고, 항산화 작용을 해요.

☑ **식이섬유** ｜ 소화를 촉진하고, 장 건강을 유지해요.

재료

- 양배추잎 2~3장
  (심 제거 후 100g)

완성

- 15ml 큐브 8개+1/2개

1. 양배추의 가장 바깥쪽 잎을 제거한 후 2~3장 정도 떼어 찬물에 5분 담가요. 이후 흐르는 물에 30초 이상 문질러 씻어요.

2. 양배추의 단단한 심 부분을 잘라내고 잎 부분만 사용해요.

.... **tip 1** ....

초기 때는 양배추의 굵은 심과 줄기 부분이 아기의 소화를 방해할 수 있어 최대한 제거했어요. 중기 이후부터는 함께 익혀 갈아주어도 괜찮습니다. 오히려 심 부분에 비타민U 등 영양소가 더 집중적으로 모여 있답니다.

.... **tip 2** ....

이유식용 양배추를 찔 때 넉넉하게 엄마, 아빠 몫도 함께 쪄주면 저녁 반찬 하나 해결입니다. 전 소화가 안 되는 날에 꼭 양배추를 한 통 사와 냄비에 찐 후 쌈장에 찍어 먹어요. 이유식 하면서 아기와 함께 건강한 채소를 먹을 수 있어서 일석이조, 일거양득이었답니다.

3. 찜기에 들어갈 크기로 알맞게 잘라 잎을 넓게 펴주고 8~10분간 쪄요.

4. 초퍼에 넣어 갈아줍니다. 칼로 다질 경우 2~3mm 사이즈로 아주 잘게 다져요.

5. 큐브에 소분해서 냉동 보관해요.

오이

시원하고 깔끔한 맛, 청량하면서도 달달한 맛으로 사랑이의 사랑을 듬뿍 받는 채소예요. 초록색 내복을 입은 사랑이가 처음 오이를 야무지게 먹던 날, 그 기쁨은 말로 다 표현할 수 없더라고요. 초기 때 곱게 갈아주다가 점차 입자를 늘려가면 되는데, 중기 이후에는 스틱으로 제공해도 오물오물 쪽쪽 잘 먹는답니다. 단, 오이 덩어리가 목에 걸릴 수 있으니 처음에는 옆에서 주의하며 지켜봐 주세요.

영양소

☑ **수분** | 오이의 95%가 물! 수분 섭취를 돕고, 수분 균형을 유지해요.

☑ **비타민 K, C** | 혈액 건강을 지키고, 면역 체계를 강화해요.

☑ **식이섬유** | 소화를 촉진하고 장 건강을 유지해요.

재료

• 오이 1개
  (껍질과 씨 제거 후 90g)

완성

• 15ml 큐브 4개

tip

이유식에서 '소고기 먹이기' 미션이
워낙 중요하다 보니 토핑이나 육수,
혹은 간식 등 여러 형태로 소고기를
제공하게 되는데요. 살짝 느끼할 수
있는 식사에 오이를 함께 제공하면,
느끼함이 가시고 입이 개운해져 더
많이 먹게 되는 마법의 꿀팁! 어른들
도 고기 구워 먹을 때 오이 스틱 곁
들이고, 피자에 오이 피클 먹듯이 아
기 식사도 똑같답니다!

1. 오이의 앞뒤 꼭지를 잘라주세요.

2. 오이 껍질을 채칼로 벗겨요.

3. 오이를 세로로 한 번, 가로로 한 번
잘라 총 4등분 해줬어요.

4. 숟가락으로 가운데 씨를 살살
긁어냅니다. 아기가 재료에
잘 적응한 후에는 차츰 씨를
포함해 조리해도 괜찮아요.

5. 찜기에 10분 이내로 쪄줍니다.

6. 초퍼에 넣고 곱게 갈아주었어요.
물을 2~3큰술 함께 넣어주면
더 잘 갈려요.

7. 큐브에 담아 냉동 보관해요.

단호박

노란 속살의 단호박은 초기에 접하는 채소 중 당도가 매우 높은 편이에요. 단호박 큐브를 처음 만들던 날, 사랑이에게 생애 첫 달콤함을 선사할 생각에 새벽부터 설레었어요. 아니나 다를까 부드럽고 고소하고 달달한 맛에 빠진 사랑이가 뚝딱 잘 먹어주었답니다. 초기 간식인 퓨레 등으로 활용하기에도 좋아요.

영양소

- ☑ **베타카로틴** | 비타민A로 변환되어 눈 건강, 피부 건강을 지켜요.
- ☑ **비타민 E** | 세포 손상을 예방하고 면역 체계를 강화해요.
- ☑ **식이섬유** | 소화를 촉진하고 장 건강을 유지해요.

재료

• 단호박 1개
　(껍질과 씨 제거 후 200g)

완성

• 15ml 큐브 13개

1. 단호박을 전자레인지에 약 3분간
돌려 살짝 익혀 꺼내요.

2. 부드러워진 단호박을 듬성듬성
잘라요. 익히지 않고 자르면 손목에
무리가 가요.

3. 수저나 포크로 씨 부분을 긁어내요.

4. 찜기에 넣고 약 20~30분간 중불에
쪄주세요. 젓가락을 찔러 넣었을 때
쑥 들어가면 나이스 타이밍!

5. 한 김 식힌 후 숟가락으로 껍질을
분리하고 노란 속을 파내요.
칼로 껍질을 도려내도 됩니다.

6. 단호박 속을 볼에 담아 포크나
매셔로 꾹꾹 눌러 으깨요.

7. 이때 물을 5~6큰술 넣어주면
질감이 뻑뻑하지 않고
부드러워져요.

8. 큐브에 담아 냉동 보관해요.

사과퓨레 · 배퓨레

사과퓨레

재료

- 사과 1/2개
  (껍질과 씨 제거 후 120g)
- 물 20ml

완성

- 약 2~3회 분량

tip

아기 변이 묽거나 설사를 한다면, 이
레시피처럼 익힌 사과로 퓨레를 제
공해 주세요. 익힌 사과는 펙틴이 풍
부해 부드럽고 소화가 잘 되며 수분
을 흡수해요. 아기가 변비가 있다면
생사과 퓨레로 제공하는 게 좋아요.
생사과는 섬유질, 솔비톨이 풍부해
배변 활동을 도와요.

1. 사과 껍질과 씨를 제거하고 얇게
슬라이스해요.

2. 찜기에 손질한 사과를 올려 10분
이내로 쪄요.

3. 한 김 식힌 후 칼로 잘게 다져요.
초퍼에 갈아도 되는데 약간 식감을
느끼게 하고 싶었어요.

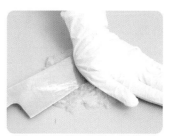

4. 칼날로 사과를 꾹꾹 누르며 즙을
내요. 물을 추가하면 아기가
더 부드럽게 먹을 수 있어요.

배퓨레

재료

- 배 1/2개
  (껍질과 씨 제거 후 120g)

완성

- 약 2~3회 분량

1. 배 껍질과 씨를 제거하고 얇게
슬라이스해요.

2. 찜기에 손질한 배를 올려 10분
이내로 찌고, 초퍼에 갈거나 칼로
잘게 다지면 완성입니다.

바나나퓨레·단호박퓨레

바나나퓨레

재료

• 바나나 1개
(껍질과 씨 제거 후 80g)

완성

• 약 2회 분량

1. 바나나 양끝을 1cm 정도 자르고 껍질을 제거해요.

2. 볼에 담아서 포크나 매셔, 혹은 손으로 부드럽게 눌러 으깨면 완성입니다.

단호박퓨레

재료

• 단호박 80g
• 모유나 분유물 10~15ml

완성

• 약 2회 분량

1. 찜기에 20분 이상 푹 익힌 단호박의 씨와 껍질을 제거해요.

2. 단호박의 노란 속살을 볼에 담고, 모유나 분유물을 부어요.

3. 단호박을 으깨면서 부드럽게 잘 섞어주면 완성입니다.

고구마퓨레 。
고구마브로콜리퓨레

고구마퓨레

재료

• 고구마 80g
• 모유나 분유물 10~15ml

완성

• 약 2회 분량

1. 고구마를 찜기에 익힌 후 껍질을 제거해 볼에 담아요.

2. 모유나 분유물을 추가해 부드럽게 으깨주면 완성입니다.

고구마 브로콜리퓨레

재료

• 고구마 70g
• 브로콜리 15g
• 모유나 분유물 10~15ml

완성

• 약 2회 분량

1. 고구마를 익혀 껍질을 제거한 후 볼에 담아 모유나 분유물을 넣어요.

2. 해동한 브로콜리 큐브 1개를 넣어 골고루 섞어주면 완성입니다.

tip

고구마를 찐 후 열기가 있는 상태에서 으깨야 더 부드러워요. 더 촉촉하게 만들고 싶으면 모유나 분유물을 5ml씩 더 넣어가며 농도를 조절해주세요.

감자퓨레 · 감자오이퓨레

감자퓨레

재료

- 감자 80g
- 모유나 분유물 10~15ml

완성

- 약 2회 분량

1. 감자의 껍질을 제거하고 얇게 슬라이스해요.

2. 찜기에 감자를 넣고 약 15~20분간 쪄요.

tip

감자는 식은 후 으깨려면 굉장히 퍽퍽해요. 따듯한 상태에서 부드럽게 으깨주는 게 훨씬 더 좋겠지요?

3. 익힌 감자를 볼에 담아 으깬 후 모유나 분유물을 넣어요.

4. 함께 잘 섞어가며 더 부드러운 질감으로 만들어주면 완성입니다.

감자오이 퓨레

재료

- 감자 70g
- 오이 15ml
- 모유나 분유물 10~15ml

완성

- 약 2회 분량

1. 익힌 감자를 볼에 담아 으깬 후 모유나 분유물을 넣고 더 부드러운 질감으로 으깨요.

2. 해동한 오이 큐브 1개를 넣어 골고루 섞어주면 완성입니다.

PART 3

중기
이유식

만 7~8개월

for
7-8months
baby

1. 중기 이유식 시기와 질감

이유식의 꽃, 중기가 시작됐어요!

중기 이유식은 만 7~8개월에 진행했어요. 초기 때 재료를 한 가지씩 테스트하며 이유식이란 걸 체험했는데요. 이제 본격적으로 다양한 맛을 보며 이유식에 적응할 차례입니다.

중기 쌀죽은 '1단계 8배죽→2단계 6배죽'으로 진행돼요. 중기 1단계는 쌀알을 1/4~1/3 크기로 커팅한다고 생각하면 쉬워요. 중기 2단계 입자감은 쌀알을 반으로 자른 정도의 크기입니다. 토핑의 입자감 역시 차츰 커져요. 초퍼를 사용하되 중간중간 끊어 입자감을 체크하며 갈아요. 질감을 살리고 싶은 재료는 칼로 잘게 다져줍니다.

시기별 입자 크기에 대해 '반드시' 따라야 할 법칙은 없어요. 아기마다 몸무게도, 먹는 양도, 선호도도 다르거든요. 아기가 씹기 좋고 잘 먹는 크기로 제공하면 돼요. 또 초기라고 딱 이렇게, 중기라고 딱 저렇게 시기를 완벽히 구분할 필요도 없어요. 아주 자연스럽게 차츰 입자를 키워가며 아기가 식사에 적응해 나가면 됩니다.

2. 중기 이유식 횟수와 시간

중기 이유식은 1일 2회 제공해요. 보통 오전 9~11시에 1회, 오후 1~3시에 2회를 진행해요. 초기와 동일하게 수유 30분 전에 이유식을 주었는데, 이유식을 잘 먹게 된다면 차츰 이유식과 수유를 따로 먹어도 돼요. 간식은 1일 1~2회 제공해요.

* 중기 이유식 하루 시간표 *

오전			오후			
7시	10시	10시 30분	2시	2시 30분	5시	7시
수유	이유식	수유	이유식	수유	간식	수유

3. 중기 이유식 한 끼 양

사랑이는 중기 이유식 한 끼에 약 100~160ml를 먹었어요. 쌀죽과 고기, 채소 토핑을 합친 양입니다. 간식은 50~80ml 정도 먹었어요. 중기 1단계에서 2단계로 갈수록 점차 이유식 양이 늘었어요. 중기 때 수유량은 하루 총 600~800ml가 기준입니다. 이유식 양이 늘면서 자연스럽게 수유량은 줄어들어요.

하지만 항상 이 양에 무조건 맞출 필요는 없어요. 정말 잘 먹는 아기는 중기 이유식 한 끼에 170~200ml를 먹기도 해요. 사랑이도 먹는 양이 항상 일정하지 않았어요. 오전에 조금 덜 먹으면 간식과 분유로 보충했고, 오후에 많이 먹으면 자기 전에 분유량을 조절했어요. 아기 스스로 잘 조절하니 양에 대해 너무 강박을 가질 필요는 없어요.

4. 중기 이유식 '탄·단·채' 조합

중기 이유식 역시 철분 섭취가 매우 중요해요. 6개월 이후부터 엄마에게서 받은 체내 철분이 소진되거든요. 매일 소고기, 닭고기 등 육류 섭취에 신경 써야 해요. 육류 단백질은 두부, 생선 등의 식물성 단백질, 어류 단백질로 대체 가능해요.

중기는 많은 재료를 새롭게 체험해 보는 가장 좋은 시기예요. 기본적으로 새로운 조합은 3일씩 유지했어요. 매 조합마다 새로운 재료 한 가지씩 추가했고요. 초기 때는 쌀죽(탄수화물), 육류(단백질), 채소를 각 1종씩 총 3종의 큐브를 제공했어요. 중기 때는 쌀죽(탄수화물) 1종, 육류(단백질) 1종에 채소 2종을 더해 총 4가지 큐브를 제공했어요. 중기에도 알레르기 반응을 살피는 것은 중요해요. 새로운 큐브가 1가지씩 추가되기 때문에 그때마다 알레르기가 올라오는지 잘 살펴야 해요. 새로운 큐브를 여러 개 섞어주면 무엇 때문에 알레르기가 올라왔는지 알 수 없어요. 새로운 재료는 딱 1종씩만 추가해야 아기 반응을 볼 수 있어요.

5. 중기 이유식 육수

중기는 아기가 다채로운 맛을 새롭게 알아가는 시기예요. 아기가 더 맛있게 잘 먹을 수 있게 육수를 적극적으로 사용해도 좋은 때예요. 초기 때는 각 재료를 처음 테스트해 보는 시기라 육수를 사용하기 어려워요. 중기부터는 이미 적응한 재료들을 위주로 육수를 우리면 돼요. 중기 쌀죽을 끓일 때 육수와 물을 적절히 섞어 사용하면, 훨씬 더 깊은 맛이 완성돼요. 또 토핑 만들 때 질감이 뻑뻑하다면 육수를 추가해 부드럽고 풍성한 맛을 낼 수 있어요. 기본적으로 소고기 육수, 닭고기 육수를 가장 많이 사용해요. 점차 먹을 수 있는 채소가 많아지면 채수를 우려내도 좋아요.

6. 중기 이유식 참고 사항

· 중기부터 가능해지는 것

중기부터 필요에 따라 오일을 소량 사용할 수 있어요. 오일 스프레이를 이용하면, 아주 소량만 필요한 범위에 분사할 수 있어요. 질산염이 함유된 채소인 시금치, 당근, 무, 배추, 비트 등도 만 6개월부터 가능하지만, 조금 더 안전하게 중기 시작 단계인 7개월 이후에 먹였어요. 핑거푸드를 연습해 봐도 좋아요. 채소를 푹 익히거나 건강빵을 구워서 아기 손으로 집기 좋게 잘라줘 보세요. 단, 핑거푸드를 제공할 때는 옆에서 지켜보며 응급 상황에 대비해야 해요. 초기 과일로 사과, 배, 바나나 정도를 주었는데, 중기부터 딸기, 블루베리, 자두, 포도, 토마토 등이 가능해져요. 되도록 당도가 낮은 과일을 먼저 주세요. 새로운 과일을 제공할 때는 혹시 이상 반응이 없는지 옆에서 세심하게 관찰해 주세요.

이유식을 더 맛있게, 아기가 더 잘 먹게 해주는 마법의 육수! 가장 맛있는 육수 우리는 비법을 공개합니다. 닭고기, 소고기에 재료를 1~2가지만 추가해도 맛이 훨씬 풍부해져요. 중기부터는 채소 사용 범위도 넓어져 채수를 우려도 좋아요. 찬물에서부터 끓이기 시작해 최소 20분 이상 우리는 게 포인트! 아기에게 맛의 신세계를 경험하게 해주자고요. 단, 아래 재료 중 알레르기 테스트가 끝나지 않은 재료는 사용에 유의해 주세요.

·닭고기 육수

재료
닭고기 300g
당근 100g
양파 250g
물 2ℓ

1. 육수 재료를 준비해요. 알레르기 테스트가 끝난 재료로 육수를 우려요.

2. 찬물에서부터 재료를 넣고 육수를 우리기 시작해요. 최소 20분 이상 끓여요.

3. 한 김 식혀서 소분해 냉동 보관해요. 해동 후 죽이나 토핑 등을 조리할 때 활용해요.

·소고기 육수

재료
소고기 150g
양파 250g
버섯 25g
물 1.5ℓ

1. 육수 재료를 준비해요. 알레르기 테스트가 끝난 재료로 육수를 우려요. 버섯은 새송이, 표고 등이 괜찮아요.

2. 찬물에서부터 재료를 넣고 육수를 우리기 시작해요. 최소 20분 이상 끓여요.

3. 한 김 식혀서 소분해 냉동 보관해요. 해동 후 죽이나 토핑 등을 조리할 때 활용해요.

·채수

재료
양파 250g
당근 100g
애호박 130g
무 200g
마늘 1알
물 1.5ℓ

1. 육수 재료를 준비해요. 알레르기 테스트가 끝난 재료로 육수를 우려요. 후기 재료로 소개한 무는 중기 때 생략 가능해요.

2. 마른 팬에 기름을 두르지 않고 중약불에 타지 않게 채소를 볶아요. 채소가 품고 있던 수분이 날아가면서 향과 맛이 올라가요. 찬물을 부어 채수를 20분 이상 우려요.

3. 한 김 식혀서 소분해 냉동 보관해요. 해동 후 죽이나 토핑 등을 조리할 때 활용해요.

사랑이에게 제공한 중기 이유식 한 끼입니다. 탄수화물 1종, 단백질 1종, 채소 2종을 기본으로 총 4종의 죽과 토핑을 제공했어요. 여기에 과일 혹은 토핑을 1종 더 추가하기도 했어요. 입자감은 참고만 하고 아기에 맞게 점진적으로 늘려나가요.

· 중기 이유식 1단계 예시 ·

당근 10~20ml

두부 15~20ml

계란 노른자
10~20ml

시금치 10~20ml

현미쌀죽 60~80ml

· 중기 이유식 2단계 예시 ·

대구살 15~20ml

가지 15~20ml

아욱 15~20ml

퀴노아쌀죽 60~80ml

배 15~20ml

· 중 기 이 유 식 식 단 표 ·

가장 중요한 원칙은 '탄+단+채'를 기본으로 식단을 짜는 거예요. 3일에 하나씩 새로운 재료를 시도하는 것도 초기와 동일해요. 식단을 짜두면 아기가 각 재료에 대한 테스트를 언제 통과했는지 쉽게 알 수 있어요. 혹여나 알레르기가 있는 경우, 어떤 재료 때문인지도 직관적으로 파악이 돼요.

·중기 이유식 1단계

		D+1	D+2	D+3	D+4	D+5	D+6
오전	탄	쌀죽			오트밀쌀죽		
	단·채	닭고기, 단호박, **양파**			닭고기, **당근**, 양파		
오후	탄	오트밀쌀죽, 감자			쌀죽		
	단·채	소고기, 애호박			소고기, 브로콜리, 양배추		
		D+7	D+8	D+9	D+10	D+11	D+12
오전	탄	쌀죽			**현미쌀죽**		
	단·채	닭고기, **시금치**, 당근			소고기, 양파, 애호박		
오후	탄	오트밀쌀죽			쌀죽, 감자		
	단·채	소고기, 오이, 양배추			소고기, 시금치		
		D+13	D+14	D+15	D+16	D+17	D+18
오전	탄	오트밀쌀죽, **고구마**			쌀죽		
	단·채	닭고기, 브로콜리			소고기, **아보카도**, 양파		
오후	탄	쌀죽			현미쌀죽, 감자		
	단·채	소고기, 시금치, 당근			소고기, 오이		
		D+19	D+20	D+21	D+22	D+23	D+24
오전	탄	쌀죽, 고구마			쌀죽		
	단·채	닭고기, **청경채**			소고기, 애호박, **두부**		
오후	탄	오트밀쌀죽			현미쌀죽		
	단·채	소고기, 당근, 양파			닭고기, 단호박, 양배추		
		D+25	D+26	D+27	D+28	D+29	D+30
오전	탄	쌀죽, 감자			현미쌀죽		
	단·채	소고기, 청경채			**계란 노른자**, 두부, 당근, 시금치		
오후	탄	오트밀쌀죽			쌀죽		
	단·채	닭고기, 오이, 아보카도			소고기, 브로콜리, 양파		

·중기 이유식 2단계

		D+1	D+2	D+3	D+4	D+5	D+6
오전	탄	쌀죽			퀴노아쌀죽		
	단·채	소고기, **아욱**, 애호박			소고기, 아보카도, 오이		
오후	탄	현미쌀죽			쌀죽		
	단·채	닭고기, 두부, 브로콜리			닭고기, 청경채, 계란 노른자		

		D+7	D+8	D+9	D+10	D+11	D+12
오전	탄	오트밀쌀죽			쌀죽, 감자		
	단·채	닭고기, **새송이버섯**, 양파			소고기, **양송이버섯**		
오후	탄	쌀죽			현미쌀죽		
	단·채	소고기, 오이, 단호박			소고기, 두부, 양배추		

		D+13	D+14	D+15	D+16	D+17	D+18
오전	탄	쌀죽			현미쌀죽, 고구마		
	단·채	소고기, **가지**, 시금치			닭고기, 양배추		
오후	탄	오트밀쌀죽			쌀죽		
	단·채	소고기, 아보카도, 청경채			소고기, 양송이버섯, 브로콜리		

		D+19	D+20	D+21	D+22	D+23	D+24
오전	탄	퀴노아쌀죽			현미쌀죽		
	단·채	**대구살**, 아욱, 가지			닭고기, 당근, 양파, **계란 흰자**		
오후	탄	쌀죽			고구마		
	단·채	소고기, 새송이버섯, 양파			닭고기, 두부, 시금치		

		D+25	D+26	D+27	D+28	D+29	D+30
오전	탄	감자			퀴노아쌀죽		
	단·채	소고기, 아보카도, **토마토**			대구살, 계란 노른자, 비트		
오후	탄	현미쌀죽			쌀죽		
	단·채	닭고기, 청경채, 가지			닭고기, 당근, 브로콜리		

중기 이유식

$$\boxed{\text{1단계}}$$

중기 이유식을 1, 2단계로 나누었어요. 중기 1단계 쌀죽의 입자가 쌀알의 1/4~1/3 크기라면, 중기 2단계에선 쌀알의 1/2 크기로 커져요. 중기 1단계에서 계란 노른자를 먹였다면, 중기 2단계에서 계란 흰자에 노출하는 등 적절히 구분해 진행했어요. 그럼 1단계부터 차근차근 새로운 재료를 경험하며 적응해 볼까요?

쌀죽
(8배죽)

입자감이 커진 중기부터는 시판 쌀가루를 사든 집에서 쌀을 갈든 불리는 과정이 필요해요. 중기 쌀가루를 30분 이상 불리면 무게가 약 50% 정도 늘어나요. 불린 쌀 대비 물의 비율은 8배로 쌀 10g에 물 80g을 부어 죽을 만든다고 생각하면 돼요. 이게 8배죽입니다. 동지들, 어렵지 않아요! 함께 해봐요!

영양소

☑ **탄수화물** | 활동적인 아기에게 안정적인 에너지원이 되어요.

☑ **비타민 B** | B1, B2, B6가 함유돼 인체 대사에 중요한 역할을 해요.

☑ **식이섬유** | 소화를 촉진하고 체내 노폐물을 배출해요.

재료

- 중기 쌀가루 40g
  (불린 후 60g)
- 물 (혹은 육수+물) 480ml

완성

- 60ml 큐브 4개

1. 30분 이상 불린 중기 쌀가루를 찬물에 넣어주세요. 집에 있는 쌀을 불린 후 갈아서 사용해도 됩니다.

2. 스패출러로 꼼꼼히 저어 쌀가루를 잘 풀어주세요. 물이 뜨거워지면 쌀이 끈끈하게 덩어리질 수 있으니 찬물에서 조리를 시작하세요.

3. 불을 켜고 중불에서 약 15분 정도 끓여줘요. 초기보다 입자가 커져서 조리하는 시간도 늘었어요. 들러붙지 않도록 스패출러로 계속 저어주세요.

4. 처음에 묽게 느껴져서 이게 죽이 되려나 싶으셨죠? 자, 요렇게 됐습니다. 확실히 초기보다 점성이 높아졌어요. 마지막에 뚜껑을 닫고 잔열로 뜸을 들여도 돼요.

5. 한 김 식혔더니 좀 더 수분이 증발해 질감이 높아졌어요.

6. 큐브에 소분해 냉동 보관해요.

······(**tip 1**)······

중기 1단계의 곡류 하루 섭취 권장량은 원물 기준 30g이에요. 중기 때 하루 2끼 먹는 것을 감안하면 1끼에 15g씩 먹으면 되는데요. 불린 쌀 60g이 4개의 큐브로 나눠 담겼으니 딱 맞는 양이 나왔어요. 단, 아기가 권장량 대비 조금 덜 먹고 더 먹는 것에 일희일비하지는 마세요!

······(**tip 2**)······

큐브 4개면 2일치 분량인데, 이틀 금새 지나가잖아요? 이유식이 버겁게 느껴진다고 포기하기보다 배율을 늘려 만들어 두면 훨씬 편해요. 중기 쌀가루 40g이 2일 분량이니까, 80g이면 4일 분량, 120g이면 6일 분량입니다. 필요한 물 역시 불린 쌀가루의 배수로 늘리면 되니 어렵지 않아요.

현미쌀죽
(8배죽)

쌀죽에 잘 적응하는 한편, 단계별로 잡곡을 하나씩 연습해 보기로 해요. 초기 때 오트밀이 있었다면, 중기 1단계에서는 현미쌀죽에 도전해 봐요. 현미쌀죽 역시 곡류 대비 물의 양이 8배로 쌀죽과 동일하게 8배죽으로 만들면 돼요. 쌀과 현미의 비율은 4:1로 맞추면 됩니다. 조금 어렵게 느껴진다면, 레시피대로 따라만 오세요.

영양소

- ☑ **탄수화물** | 활동적인 아기에게 안정적인 에너지원이 되어요.
- ☑ **비타민 B1** | 백미의 약 8배가 함유돼 인체 대사를 도와요.
- ☑ **식이섬유** | 불용성 식이섬유가 풍부해 포만감 높고 장 운동을 도와요.

재료

- 중기 쌀가루 32g
- 중기 현미가루 8g
  (불린 후 총 60g)
- 물 (혹은 육수+물) 480ml

완성

- 60ml 큐브 4개

1. 30분 이상 불린 중기 쌀가루와 1~2시간 이상 불린 현미가루를 찬물에 넣어요.

2. 스패출러로 꼼꼼히 저어 쌀가루, 현미가루를 잘 풀어주세요. 물이 뜨거워지면 끈끈하게 덩어리질 수 있으니 찬물에서 조리를 시작해요.

3. 불을 켜고 중불에서 약 15분 정도 끓여요. 들러붙지 않도록 스패출러로 계속 저어주세요.

4. 자, 8배죽의 질감입니다. 뚜껑을 닫고 잔열로 뜸을 들이면 더 부드럽게 퍼져요.

pick

아이보리의 중기 현미가루를 사용했어요. 까슬거리지 않는 부드러운 현미에 입자 역시 중기 1단계에 맞게 쪼개져 있어서 사용하기 편리해요. 아직 소화기관이 발달하지 않은 아기가 첫 잡곡을 경험하기에는 괜찮은 제품이에요.

5. 큐브에 소분해 냉동 보관해요.

탄수화물

고구마

초기에 단호박이 있었다면, 중기에는 고구마가 있다! 고구마는 단맛이 풍부하고 칼로리는 높은데, 혈당지수는 낮은 건강한 식재료예요. 쌀 대신 섭취할 수 있는 복합 탄수화물의 대표 격으로 '하루 한 개의 고구마면 의사가 필요 없다'는 말이 있을 만큼 영양이 풍부해요. 단맛이 강한 편이라 최대한 늦게 주려고 했고요. 간식 베이스로 유용해서 넉넉히 얼려두고 자주 사용하는 큐브 중 하나였답니다.

영양소

☑ **탄수화물** | 아기 몸의 세포를 형성하고, 에너지원이 되어요.

☑ **비타민 B6** | 에너지 대사에 기여하고, 뇌 발달을 도와요.

☑ **식이섬유** | 소화를 돕고 변비를 개선해요.

재료

- 고구마 2개
  (양끝 제거 후 200g)

완성

- 15ml 큐브 11개

1. 고구마의 양끝을 잘라내요.

2. 익히기 좋은 편한 두께로 듬성듬성
   잘라요.

기71
K10

tip 1

고구마는 밥태기나 간식의 재료로
활용하기 참 좋은 재료예요. 아기가
편하게 집어 먹을 수 있는 핑거푸드
형태로 만들기 좋은 점성을 가졌고,
단맛 덕분에 호불호가 적은 편이거
든요. 또 식이섬유가 풍부해 장 운동
을 활발하게 해주어 아기 변비에도
효과가 있답니다.

tip 2

고구마를 고를 때는 가늘고 긴 것보
다는 적당히 통통한 것, 너무 큰 것
보다 중간 크기로 택하세요. 표면에
크랙이나 상처가 없는 것을 고르고,
혹 신선한 고구마 사이에 싹이 나거
나 물러진 고구마가 있다면 함께 보
관하지 않도록 해요.

3. 찜기에 올려 15분 이상 쪄요.
   젓가락으로 푹 찔러서 익었는지
   확인하고, 잔열로 5분 정도
   뜸 들이면 자연스러운 단맛이 더
   올라와요.

4. 한 김 식혀서 껍질을 벗겨요.

5. 고구마를 볼에 담고 손으로 으깨요.
   포크나 매셔를 사용해도 좋아요.

6. 고구마가 뻑뻑하다 싶으면 물을
   3~4큰술 넣어요.

7. 아기에게 제공할 땐
   이런 질감입니다.

8. 큐브에 소분해 냉동 보관해요.

두부

자연이 주는 최고의 식물성 단백질, 바로 두부입니다. 말랑말랑 부드럽고 목 넘김이 좋아서 아직 잘 씹지 못하는 아기들에게 좋은 이유식 재료가 되어주지요. 두부는 냉동하면 수분이 빠져나가 식감이 퍼석거리고 질겨져요. 아주 곱게 다져서 냉동했다가 먹여도 보고 다양하게 시도해본 결과, 되도록 적은 양의 큐브를 만들어 냉장 보관했다가 먹이는 게 가장 좋더라고요. 오늘도 우리 아기에게 가장 잘 맞는 최고의 방법을 찾아보기로 해요. 우리 모두 화이팅!

영양소

☑ **단백질** | 근육 발달을 돕고, 성장에 필요한 아미노산을 제공해요.

☑ **칼슘, 마그네슘** | 뼈와 치아, 신경의 건강한 성장과 발달을 도와요.

☑ **지방** | 지질 대사를 지원하고, 세포 구조를 유지해요.

재료

• 두부 반 모 250g

완성

• 15ml 큐브 14개

1. 두부를 끓는 물에 약 3~5분간 데쳐요.

2. 데친 두부를 건져 으깨기 좋게 칼로 듬성듬성 썰고, 칼날을 눕혀 으깨요.

(tip)

두부도 아기의 성장에 따라 입자감을 바꿔주면 좋아요. 처음에 먹을 때는 완전히 으깬 식감에서 후기로 갈수록 작은 큐브 모양으로 슬라이스해 주었어요.

3. 볼에 담아 포크로 더 잘게 으깼어요. 칼이나 포크 둘 중 하나의 방법으로만 으깨도 돼요.

4. 큐브에 소분해서 냉장실에 2~3일 보관해요. 저는 두부 큐브는 냉동보다 냉장 보관을 선호해요.

(pick)

전 두부 고를 때 세 가지를 살펴보았어요. 1) 국산콩 두부인지, 2·3) 소포제, 유화제 무첨가인지. 아무래도 수입산 두부는 유전자 변형된 콩이 사용될 가능성이 염려스러워서 국산콩 두부를 택했어요. 또 거품이나 기포 없애는 소포제, 물과 기름을 섞이게 하는 유화제도 아직 연약한 아기에게 혹시 해로울까 싶어 함유되지 않은 제품으로 골랐답니다.

계란 노른자

계란은 알레르기 반응 가능성이 매우 높은 이유식 재료예요. 저 역시 사랑이가 계란 알레르기가 있지 않을까 엄청 긴장하며 테스트했던 토핑입니다. 요즘에는 노른자, 흰자를 구분 없이 한 번에 테스트하기도 하는데, 저는 두 가지를 분리해서 테스트했어요. 확률적으로 흰자가 민감한 재료이기에 노른자를 중기 1단계, 흰자를 중기 2단계에 먹였어요. 첫날 무사 통과했더라도 3일 동안 연속해 먹이면서 반응을 꼼꼼히 체크해 주세요.

영양소

☑ **단백질** | 아기의 근육 발달과 세포 형성에 기여해요.

☑ **비타민 B, D** | 혈액 형성을 돕고, 칼슘 흡수를 촉진해요.

☑ **아연, 철분** | 면역을 강화하고, 혈액을 만들어요.

재료

- 계란 3개

완성

- 15ml 큐브 5개

1. 계란을 약 13~15분간 완숙으로 삶아요.

2. 냉수 마찰하며 껍질을 벗겨요.

---

tip

계란 알레르기 증상으로는 기침, 충혈, 콧물, 두드러기, 구토, 복통, 호흡곤란 등이 있을 수 있어요. 혹여라도 이런 증상이 있다면 당황하지 말고 병원에 방문해 정확한 진료와 검사를 받아보세요. 주변에 계란 알레르기 있는 경우가 꽤 많았는데, 시간 간격을 두고 다시 조금씩 노출하면 좋아지기도 해요. 경미한 반응이 있다면 며칠 있다가 다시 먹여보고, 또 반응을 보인다면 한 달 후에 먹여보는 식으로요. 반응이 심한 경우는 의사 선생님께서 "돌 이후에 먹여보자" 이런 식으로 간격을 넓게 두더라고요. 아기가 계란 알레르기로 고생하고 있다면, 이 책에 담은 '노 계란' 레시피를 참고해 보세요. 계란 없이도 충분히 맛있게 먹을 수 있는 메뉴를 열심히 개발해서 담았답니다.

3. 흰자와 노른자를 분리합니다.

4. 짠, 분리 완료!

5. 분리한 노른자를 볼에 담아 포크로 잘 으깨줍니다.

6. 큐브에 소분해 냉동 보관해요.

---

pick

사랑이는 동물복지, 무항생제 두 가지 모두 해당되는 1번 계란을 먹었어요. 동물복지라고 해도 무항생제가 아닌 경우, 무항생제인데 동물복지가 아닌 경우가 있는데, 아기에게 주는 첫 계란인 만큼 최대한 건강한 환경에서 자란 제품을 선택했답니다.

양파

알싸한 매운맛 때문에 아기가 먹을 수 있을까? 언뜻 생각할 수도 있지만 양파를 푹 익히면 매운맛은 사라지고 달달하고 풍미 있는 반찬이 됩니다. 또 찌거나 볶아도 대부분의 영양소가 보존되는 식재료라 아기에게 맛과 영양이라는 두 가지 선물을 줄 수 있어요. 소고기, 닭고기 등 육류와 잘 어울리고, 버섯을 비롯한 채소류와도 두루두루 궁합이 좋아요. 단, 아삭거리는 식감을 싫어하는 경우가 꽤 많으니 잘 먹이긴 위해선 푹 익혀주세요.

영양소

☑ **비타민 C, B** | 면역력을 키우고 근육 발달에 도움을 줘요

☑ **식이섬유** | 소화를 촉진하고 장 건강을 유지해요

☑ **퀘르세틴** | 항산화, 항염증 효과가 있어요

재료

• 양파 1개
  (껍질 제거 후 200g)

완성

• 15ml 큐브 12개

 tip

양파의 겉껍질에 항산화, 항염증 효과가 있는 퀘르세틴 성분이 풍부합니다. 알맹이 부분보다 무려 20배 이상의 성분이 함유돼 있다니 최대한 껍질을 얇게 벗겨내고 사용하면, 아기에게 좋은 영양소를 더 많이 줄 수 있겠지요?

1. 양파의 양끝을 제거한 후 편한 크기로 잘라요. 수분이 많은 재료라 두껍게 잘라도 잘 익는 편이에요.

2. 자른 양파를 찬물에 5분 이상 담가둘게요. 매운기가 빠져요.

3. 양파를 찜기에 올려 약 15~20분간 푹 쪄요. 아삭거리는 식감이 사라지고 부드러워질 때까지!

4. 초퍼에 넣고 갈아줄게요. 양파는 잘 갈리는 재료라 살짝만 갈아도 돼요.

5. 자, 질감 확인할게요. 부드럽게 잘 갈렸어요.

6. 큐브에 소분해 냉동 보관해요.

당근

'비타민 A의 황제'로 불리는 당근은 눈 건강을 돕고 피부에도 좋은 건강한 식재료예요. 다소 호불호가 강한 채소이기도 해서 사랑이가 당근의 깊은 단맛을 꼭 알아주길 바라는 마음으로 토핑을 만들었어요. 질산염이 포함된 채소라 생후 180일 이후에 먹여야 하는데, 좀 더 안전하게 중기 때 먹였어요. 구매하자마자 신선한 상태에서 바로 익혀 냉동 보관하면, 질산염이 증가하는 걸 막을 수 있다니 참고하세요.

영양소

- ☑ **비타민 A, C** | 눈 건강, 피부 건강을 돕고, 면역을 강화해요.
- ☑ **식이섬유** | 소화를 촉진하고 장 건강을 유지해요.
- ☑ **칼륨** | 혈압을 조절하고 심혈관 건강을 지켜요.

• 당근 1개
  (껍질 제거 후 130g)

완성

• 15ml 큐브 12개

1. 껍질을 제거한 당근의 양끝을 잘라내고, 찌기 좋은 크기로 슬라이스할게요. 약 1cm 두께로 잘랐어요.

2. 찬물에 10분 정도 담가놓으면 질산염 제거에 도움이 된다고 해요. 선택 사항입니다.

tip

푹 익힌 당근은 아기의 묽은 변이나 설사에 도움이 되는 채소예요. 반대로 아이의 변이 딱딱하거나 변비 증상이 보이면 당분간 식재료에서 빼는 것이 좋아요.

3. 찜기에 예쁘게 올려서 약 20분간 푹 쪄줍니다.

4. 한 김 식힌 당근을 초퍼에 넣고 갈아요. 칼로 다져주며 입자감을 조절해도 됩니다. 아기와 엄마가 편한 대로!

5. 입자감 확인할까요? 요 정도면 딱 좋아요.

6. 큐브에 소분해 냉동 보관합니다.

시금치

녹황색 채소의 대표 주자인 시금치는 필수 비타민과 미네랄, 철분 등이 풍부해요. 아기의 면역을 키우고, 혈액 생성을 돕고, 건강한 뼈와 뇌를 만드는 데도 기여해요. 이렇게 영양이 풍부한 채소를 아기가 편식하지 않도록 차근차근 시도해 봐요. 시금치 역시 구매 후 보관하면서 질산염이 증가하는 채소라 신선할 때 바로 조리해 냉동 보관하기를 추천해요.

영양소

☑ **비타민 A, C, K** | 눈 건강을 지키고, 면역을 높이고, 혈액 응고를 도와요

☑ **철분, 칼슘** | 혈액을 생성하고 뼈 건강을 지켜요

☑ **식이섬유** | 소화를 촉진하고 장 건강을 유지해요

재료

• 시금치 150g
(줄기 제거 후 120g)

완성

• 15ml 큐브 8개

tip

맨 처음 시금치 큐브를 만들 때는 줄
기를 제거했지만, 아기가 재료에 잘
적응한 후에는 포함해 조리했어요.

1. 자, 신선한 시금치를 준비해요.
저는 질산염이 포함된 채소는 사온
즉시 조리했어요.

2. 시금치의 뿌리와 줄기를 잘라낸 후
잎 부분만 사용해요.

3. 찬물에 5분 이내로 담그고 30초
이상 흐르는 물에 세척해요.
잔류 농약·질산염 제거에 도움이
된다고 해요.

4. 끓는 물에 시금치를 약 1~2분간
데쳐줄게요.

5. 데친 시금치를 건져내 찬물에
헹궈요. 양이 확 줄었어요.

6. 시금치를 두 손에 쥐고 물기를 꼭
짜요.

7. 초퍼에 넣고 갈아요. 이때 물을
3~4큰술 추가하면 날이 헛도는 걸
방지하고 부드럽게 갈려요.

8. 큐브에 소분해 냉동 보관해요.

청경채

청경채 한 덩이를 '한 포기'라고 표현하는 거 있죠. 너무 귀엽죠? 요 앙증맞은 청경채는 배추과에 속해 질산염이 포함돼 있어요. 질산염 채소들은 생후 6개월 이후부터 섭취하길 권장하는데, 아무래도 1개월이라도 여유를 두려고 중기부터 먹였어요. 청경채는 채소 특유의 쓴맛이 적고 식감이 부드러워 소고기와 잘 어울리고, 두부와의 궁합도 괜찮아요.

영양소

☑ **비타민 K, C, A** | 혈액 응고를 돕고, 세포 손상 예방, 눈 건강을 지켜요.

☑ **칼슘, 철분** | 뼈를 튼튼하게 하고, 혈액 형성을 도와요

☑ **식이섬유** | 소화를 촉진하고 장 건강을 유지해요.

재료

• 청경채 300g
  (줄기 제거 후 40g)

완성

• 15ml 큐브 4개

1. 청경채의 밑동을 잘라 잎을 각각 떼어내요.

2. 줄기 부분은 V자로 잘라내고 초록잎 부분만 준비해요. 손질한 잎을 찬물에 5분 이내로 담그고, 흐르는 물에 30초간 씻어요.

········· **tip** ·········

청경채 300g을 손질해 고작 40g 을 얻다니요! 줄기 부분이 청경채의 많은 양을 차지하는데 다 잘라내려 니 좀 아쉽기도 한데요. 아직 아기의 소화력이 완전히 발달하지 않았고, 목 넘김도 부드럽지 않기 때문에 맨 처음 제공할 때는 줄기를 잘라내는 편이 좋아요. 아기가 알레르기 없이 잘 먹어주면, 점차 줄기 부분을 늘려 보세요. 입자감 역시 아기마다 받아 들이는 정도가 달라요. 다질 때 아기 가 먹기 편한 입자감을 맞춰서 조절 해 주세요.

3. 찜기에 약 7~8분간 쪄요. 끓는 물에 약 2~3분간 데쳐도 되는데, 청경채는 수용성 비타민이 많은 채소라 찌는 걸 택했어요.

4. 한 김 식힌 후 초퍼에 넣고 갈아요. 이때 물을 3~4큰술 넣어주면 날이 헛도는 걸 방지하고 부드럽게 갈려요.

5. 입자감 한 번 확인할까요? 중기 1단계라 잘게 갈았어요.

6. 큐브에 소분해 냉동 보관해요.

아보카도

잘 후숙된 아보카도는 마치 찜기에 넣고 푹 찐 것 같은 크리미한 부드러움을 가지고 있죠. 게다가 일일이 열거하기 힘든 수많은 영양소를 품고 있는 슈퍼푸드라 잘 먹어주면 엄마 마음 든든! 아기 속도 든든! 만들기 간편하고, 다양한 식재료와 어울리고, 영양가 최고인 아보카도를 메뉴에 자주 넣어보세요. 특히 사랑이처럼 소고기의 퍽퍽한 맛을 싫어하는 아기라면, 아보카도와 함께 버무려 식감은 감추고 영양은 높이는 마법의 꿀팁!

영양소

☑ **불포화 지방** | 아기의 뇌 발달과 에너지 공급을 도와요.

☑ **비타민 B, K, C, E** | 비타민과 항산화 물질이 함유돼 면역을 강화해요.

☑ **식이섬유** | 소화를 촉진하고 장 건강을 유지해요.

재료

• 아보카도 1개
  (껍질·씨 제거 후 110g)

완성

• 15ml 큐브 7개

 tip 1

냉동한 아보카도 큐브를 먹이기 전
날 냉장고로 옮겨 서서히 해동하면
색이 갈변되기 쉬워요. 먹이기 직전
에 찜기나 전자레인지에 해동해야
예쁜 연두빛의 아보카도를 아기에
게 제공할 수 있답니다.

tip 2

열대 과일에 속하는 아보카도는 구
매 후 후숙 기간이 필요해요. 초록색
껍질의 신선한 아보카도를 구매했
다면 그늘진 곳에 3~4일간 두면서
껍질이 검은색이 될 때까지 후숙해
주세요. 바나나가 후숙 후에 부드러
운 단맛이 올라오는 것처럼 아보카
도 역시 후숙해야 부드러운 질감, 고
소한 맛이 올라온답니다.

1. 잘 후숙된 아보카도는 왼쪽과 같이
   껍질이 검은색을 띠고, 손으로
   눌렀을 때 말랑한 질감이 느껴져요.

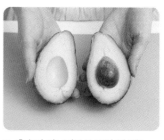

2. 후숙된 아보카도를 골라 반으로
   잘라요.

3. 가운데 박힌 씨를 칼로 탁 찍어
   돌리며 빼주세요.

4. 껍질 안쪽으로 숟가락을 넣어
   껍질과 과육을 분리해 줍니다.

5. 볼에 아보카도 과육을 담고 포크나
   매셔로 부드럽게 으깨줍니다.

6. 먹기 좋은 정도 질감을 확인해요.

7. 큐브에 소분해 냉동 보관해요.

중기 이유식

$$2단계$$

중기 이유식 2단계에는 더 다채로운 재료들이 기다리고 있어요. 계란 노른자에 적응했다면, 흰자에도 도전해 봐요. 생애 첫 버섯을 맛보고, 육류 단백질을 대체할 수 있는 생선도 경험해요. 큐브끼리 조합도 다양해져요. 아기가 한 걸음씩 맛의 영역을 확장해 나가는 시점이에요.

쌀죽
(6배죽)

중기 2단계 쌀죽은 불린 쌀 대비 물의 양이 6배가 되는 6배죽입니다. 먹는 양이 점차 늘고, 입자감도 커져요. 이 과정에서 아기가 잘 먹지 않거나 뱉어낸다면, 하루 한 번은 중기 1단계 입자로, 다른 한 번은 중기2단계 입자로 연습시켜 천천히 적응할 수 있게 도와주세요.

영양소

☑ **탄수화물** │ 활동적인 아기에게 안정적인 에너지원이 되어요.

☑ **비타민 B** │ B1, B2, B6가 함유돼 인체 대사에 중요한 역할을 해요.

☑ **식이섬유** │ 소화를 촉진하고 체내 노폐물을 배출해요.

재료

- 중기 쌀가루 65g
  (불린 후 100g)
- 물 (혹은 육수+물) 600ml

완성

- 80ml 큐브 4개

·············· **tip** ··············

중기 2단계의 곡류 하루 섭취 권장
량은 원물 기준 50g이에요. 중기 때
하루 2끼 먹는 것을 감안하면 1끼
에 25g씩 먹으면 돼요. 불린 쌀가루
100g이 4개의 큐브로 나눠 담겼으
니 딱 적절한 양이에요. 권장량과 배
죽 등 계산하는 게 복잡하고 어렵다
면, 이 레시피대로만 따라오면 돼요.

1. 30분 이상 불린 중기 2단계
쌀가루를 찬물에 넣어주세요.
확실히 입자감이 커졌어요.

2. 스패출러로 꼼꼼히 저어 쌀가루를
잘 풀어주세요. 물이 뜨거워지면
쌀이 끈끈하게 덩어리질 수 있으니
찬물에서 조리를 시작하세요.

3. 불을 켜고 중불에서 약 20분간
끓여요. 들러붙지 않도록
스패출러로 계속 저어주세요.

4. 자, 다 됐습니다. 뚜껑을 닫고
잔열로 뜸을 들이면 더 부드럽게
퍼져요.

5. 한 김 식혔더니 입자감이 눈으로
더 잘 보여요. 끈끈한 죽의 형태가
되었어요.

6. 큐브에 소분해 냉동 보관해요.

퀴노아쌀죽
(6배죽)

중기 2단계에서 적응할 잡곡은 퀴노아! 고대 잉카어로 '모든 곡물의 어머니'라고 불렸다고 해요. 단백질과 섬유질, 미네랄과 비타민, 철분과 마그네슘 등 다 열거하기 어려울 정도로 풍부한 영양을 품고 있어요. 요즘 '글루텐 프리'가 화두인데 글루텐 없는 곡물로도 유명해요. 아기에게 꼭 먹여야 할 이유가 이렇게 많은 잡곡입니다.

영양소

☑ **탄수화물** | 활동적인 아기에게 안정적인 에너지원이 되어요.

☑ **단백질** | 근육 발달과 성장에 필요한 아미노산이 풍부해요.

☑ **마그네슘, 칼륨** | 신경 기능을 지원하고, 근육·혈관 건강을 도와요.

재료

- 중기 쌀가루 52g
- 퀴노아 13g
  (불린 후 총 100g)
- 물 (혹은 육수+물) 600ml

완성

- 80ml 큐브 4개

tip

입자감을 키우고 있는 시기라 따로 퀴노아를 갈지 않고 씻고 불려서 바로 사용했어요. 퀴노아의 입자 자체가 좁쌀만큼 작아서 사랑이는 큰 거부감 없이 적응했어요. 하지만 아기가 뱉어내거나 거부한다면 '아이보리 중기 퀴노아가루'로 도전해 봐도 좋아요. 더 작은 입자감으로 갈아내서 훨씬 수월할 거예요.

1. 30분 이상 불린 중기 쌀가루와 1~2시간 이상 불린 퀴노아를 찬물에 넣어주세요.

2. 스패출러로 꼼꼼히 저어 충분히 잘 풀어주세요. 물이 뜨거워지면 끈끈하게 덩어리질 수 있으니 꼭 찬물에서 조리를 시작하세요.

3. 불을 켜고 중불에서 약 20분간 끓여줘요. 들러붙지 않도록 스패출러로 계속 저어주세요.

4. 자, 다 끓였어요. 뚜껑을 닫고 잔열로 뜸을 들이면 더 부드럽게 퍼져요.

5. 입자감과 점도 보여드릴게요. 점성이 있는 죽의 형태입니다.

6. 큐브에 소분해 냉동 보관해요.

대구살

사랑이의 이유식 첫 생선은 대구살로 선택했어요. 단백질이 풍부한데 DHA, EPA 함유량까지 높아서 두뇌 발달에 좋다지요? 흰살생선 중에서도 대구살은 부드럽고 감칠맛도 좋아 이유식에서 가장 많이 쓰는 생선이에요. 맨 처음 생물을 구매해 직접 찌고 뼈와 가시를 바르는 데만 1시간 가까이 걸려서 놀랐다는! 너무 번거롭고 힘들다면 시판 냉동 큐브를 사용하는 것도 방법이에요.

영양소

- ☑ **단백질** | 근육 발달과 성장에 도움을 줘요
- ☑ **오메가 3** | 뇌 발달과 눈 건강을 도와요
- ☑ **비타민 D** | 칼슘 흡수를 촉진해 뼈 건강을 유지해요

재료

• 대구살 230g

완성

• 15ml 큐브 11개

1. 대구살을 분유물에 20분 이상 담가 비린내를 제거해요.

2. 찜기에 올려 약 20분간 쪄요.

········· **tip 1** ·········

대구살 생물 손질이 워낙 오래 걸리고 까다로워서 시판 대구살 냉동 큐브를 사서 먹이기도 했어요. 이때도 생선 가시는 다시 한번 체크해서 아기에게 제공하는 게 좋아요. 냉동 큐브가 간편하고 깔끔한 게 장점이지만, 아무래도 생물보다는 조금 퍽퍽했어요. 무엇보다 엄마가 지치면 안 되니까 편한 방법을 택해도 좋아요.

········· **tip 2** ·········

수은 섭취 때문에 돌 이전의 아기에게 생선은 일주일에 3회 이내, 총 50g 넘지 않는 선에서 섭취하기를 권장하고 있어요. 15ml 큐브로 주 3회 주는 것으로 식단을 짜면 적절한 양이 됩니다.

3. 한 김 식힌 후 대구 껍질을 벗겨내요.

4. 대구살을 손가락으로 잘게 으깨줍니다. 칼로 다져도 좋아요.

5. 가시가 있는지 확인 또 확인! 꼼꼼히 손으로 걸러내고, 눈으로도 확인!

6. 큐브에 담아 냉동 보관해요.

단백질

계란 흰자

두근두근 노른자 알레르기 테스트를 무사히 통과하고, 약 한 달 후 흰자도 진행했어요. 수많은 알레르기 테스트 중에 계란 흰자가 가장 떨렸는데요. 주변에 계란 알레르기가 워낙 많기도 하고, 지인에게서 아기의 호흡기 알레르기 반응을 듣고 나서 더 긴장했던 것 같아요. 아기는 소량의 계란으로도 심한 알레르기 반응을 일으킬 수 있으니 첫날에는 아주 조금 먹여보는 것으로 시작해 보세요.

영양소

- ☑ **단백질** | 아기의 근육 발달과 세포 형성에 기여해요.
- ☑ **셀레늄** | 세포 손상을 최소화하고, 항산화 효과가 있어요.
- ☑ **무지방** | 흰자에는 지방과 콜레스테롤이 없어 혈관 건강을 도와요.

완성

• 15ml 큐브 8개

1. 계란을 약 13~15분간 완숙으로 삶아요.

2. 냉수 마찰하며 껍질을 벗겨요.

tip

혹시라도 심한 알레르기 반응이 나타나면 바로 병원에 갈 수 있게 짐까지 싸놓고 계란 테스트를 진행했어요. 계란, 땅콩, 밀가루는 대표적으로 알레르기를 많이 일으키는 민감한 식재료거든요. 아직도 그날의 떨림이 생생합니다. 계란 테스트는 오전에 진행해야 해요. 만약 저녁에 먹였는데 알레르기 반응이 바로 나타나지 않고 몇 시간 후에 나타날 경우, 병원 진료시간이 지나 당황할 수 있거든요. 동지들 모두 계란 테스트 무사히 통과하시길 바라요!

3. 흰자와 노른자를 분리합니다.

4. 짠, 분리 완료!

5. 분리한 흰자를 볼에 담아 손이나 포크, 매셔로 잘 으깨줍니다.

6. 큐브에 소분해 냉동 보관해요.

아욱

시금치, 청경채 등 초록잎 채소들을 먹이다 보면, 아욱에는 관심이 덜할 수도 있는데요. 잠깐, 칼슘과 단백질이 시금치의 2배 이상이나 많이 함유돼 있다니! '채소의 왕'이라는 별명이 있을 만큼 영양이 풍부하고, 변비 예방에 좋은 식이섬유도 듬뿍 들었답니다.

영양소

☑ **비타민 A, K, C** │ 시력, 혈액 건강을 돕고, 면역을 높여요.

☑ **칼슘, 철분** │ 뼈를 튼튼하게 하고 혈액을 생성해요.

☑ **식이섬유** │ 소화를 촉진하고 장 건강을 유지해요.

재료

• 아욱 180g
(줄기 제거 후 120g)

완성

• 15ml 큐브 9개

 tip

연두빛을 띠는 밝은 녹색의 아욱을
고르세요. 잎에 변색이 없고, 잎과
줄기에서 탄력이 느껴지면 신선한
아욱이에요.

1. 아욱 잎을 흐르는 찬물에 빨래하듯
   씻어내요. 아욱의 쓴맛과 떫은
   풋내를 덜어내는 과정이에요.

2. 여러 번 치대가며 씻으니 노란
   물과 거품이 나와요. 잘하고 계신
   거예요.

3. 두꺼운 줄기는 잘라낼게요.
   잎 부분만 사용할 거예요.

4. 끓는 물에 2~3분간 데쳐요. 잎이
   부드럽게 익으면 눈으로 확인될
   거예요.

5. 한 김 식혀서 초퍼에 넣고
   갈아줄게요. 부드럽게 갈리도록
   물 3~4큰술 넣어주세요.

6. 잘 갈린 아욱의 입자감입니다.
   이대로 아기에게 제공해도 돼요.

7. 큐브에 소분해 냉동 보관합니다.

가지

보라빛 가지는 선명한 색만큼이나 풍부한 영양을 품고 있어요. 보라색 색소는 안토시아닌계의 나스닌과 히아신이 주성분인데요. 이 영양소는 눈에도 좋고, 혈관에 이롭고, 강력한 항산화 물질도 품고 있대요. 사실 가지는 어릴 적 맛없는 재료라 생각하며 자랐는데, 나이 들수록 그 진가를 알겠더라는! 저랑 다르게 사랑이는 가지의 부드럽고 달달한 맛을 알아주고 오물오물 잘도 먹어줬어요. 영양 만점 가지 맛보여주러 가실까요?

영양소

☑ **비타민 C, B** | 항산화물질이 풍부해 세포 손상을 예방해요.

☑ **식이섬유** | 소화를 촉진하고 장 건강을 유지해요.

☑ **칼륨** | 혈압을 조절하고 심혈관 건강을 지켜요.

재료

・가지 1개
  (꼭지 제거 후 140g)

완성

・15ml 큐브 11개

1. 가지의 양끝을 잘라요. 특히 위쪽 꼭지 부분에는 가시나 잔털이 있을 수 있으니 주의해 제거해요.

2. 가지가 잘 익을 수 있는 두께로 어슷썰어요.

3. 찜기에 올려 약 10분 정도 푹푹 쪄내요.

4. 한 김 식힌 가지를 초퍼에 넣고 갈아줘요. 이때 물 2~3큰술 넣어주면 더 잘 갈려요.

5. 갈아낸 가지는 요런 질감입니다. 아기에게 바로 제공해도 돼요.

6. 큐브에 소분해 냉동 보관해요.

비트

화려한 붉은색의 비트는 강력한 항산화 물질을 함유하고 있어요. 활성 산소는 체내의 정상 세포를 공격해 각종 질병의 원인이 되는데, 이를 막아주는 물질이 비트에 가득 들어있다니 얼마나 기특한지 몰라요. 처음 비트를 접한 사랑이가 요리조리 어찌나 관찰을 열심히 하던지, 아무래도 강렬한 색깔 때문이겠죠? 해동한 비트 큐브를 식판 위에 하트 모양으로 만들어줬는데, 사랑이가 더 잘 먹어주는 것 같아 괜히 뿌듯했답니다.

영양소

☑ **비타민 B, C** | 뇌 발달과 에너지 대사에 기여하고, 면역을 높여요.

☑ **철분** | 혈액 형성에 필요한 영양소를 공급해요

☑ **베타인** | 천연 색소가 함유돼 있어 항염증 효과를 가져요

재료

• 비트 1개
(껍질 제거 후 250g)

완성

• 15ml 큐브 15개

1. 비트 껍질을 감자칼로 벗겨내고, 익히기 좋게 얇게 썰어줘요.
손 조심!

2. 요 정도 두께로 썰었어요.

.... tip 1 ....

비트의 강렬한 색깔이 도마, 큐브 등을 물들일 수 있어요. 비트와 비슷한 붉은 계열이나 어두운색 도마를 사용하고, 큐브 역시 컬러감 있는 제품을 쓰면 마음이 더 편해요. 손에 물드는 것 역시 니트릴 장갑을 착용하면 방지할 수 있답니다.

.... tip 2 ....

비트 역시 무, 배추, 당근, 시금치, 양배추, 케일 등과 함께 질산염이 함유된 채소라 신선할 때 조리하는 게 중요합니다. 구매 후 냉장고에 머무는 시간이 길어질수록 질산염 수치가 증가한다고 해요. 물에 담가두거나 데치는 등의 과정이 질산염을 줄인다고 알려져 있어 이유식 큐브 만드는 과정에 반영했어요.

3. 찬물에 5분 이내로 담가놓으면 질산염 제거에 도움이 된다고 해요. 선택 사항입니다.

4. 찜기에 올려 약 25~30분간 푹 쪄주세요. 다 익었는지 궁금하면 젓가락이 푹 들어가는지 확인해 보세요.

5. 한 김 식힌 후 초퍼에 갈아줘요. 푹 익혔기에 딱딱하지 않고 잘 갈려요.

6. 질감 확인해 보세요. 익힌 무를 갈아낸 것 같은 부드러운 질감이에요.

7. 큐브에 소분해 냉동 보관해요.

토마토

토마토가 익으면 의사 얼굴이 파래진다라는 말이 있죠? 실제로 초록색 토마토보다 빨갛게 잘 익은 토마토에 더 이로운 성분이 풍부해요. 면역 체계를 지원하는 비타민 C, 눈 건강을 돕는 비타민 A를 비롯해 소화를 돕고 변비를 예방하는 섬유질도 듬뿍 함유돼 있어요. 토마토는 전 세계에서 가장 많이 소비되는 채소이기도 해요. 인기가 많은 만큼 활용할 수 있는 요리도 다양해서 아기가 토마토를 먹기 시작하면 맛볼 요리도 다양해진답니다.

영양소

☑ **비타민 C, A, K** | 면역을 높이고 시력을 개선하며 뼈 건강을 지켜요.

☑ **리코펜** | 붉은색을 띠는 강력한 항산화제가 활성산소를 억제해요.

☑ **식이섬유** | 소화를 촉진하고 건강한 배변을 도와요.

재료

· 토마토 2개 350g

완성

· 15ml 큐브 12개

1. 토마토의 아래쪽 중앙에 십자
칼집을 내 끓는 물에 2~3분간
익혀요.

2. 토마토를 건져 껍질을 벗깁니다.
익은 토마토의 껍질은 이렇게
잘 벗겨져요.

tip 1

토마토 큐브 1~2개 분량은 냉장 보
관했다가 아기에게 시원하게 제공
해 보세요. 시원한 토마토 주스가 바
로 이 맛! 무더운 여름이면 더 빛을
발하는 새로운 간식입니다.

tip 2

빨갛게 잘 익은 완숙 토마토를 골라
주세요! 만약 푸릇푸릇한 토마토를
구매했다면, 직사광선이 없는 실온
에서 며칠간 숙성시켜요. 냉장고와
같은 낮은 온도에서는 잘 후숙되지
않아요.

3. 토마토를 반으로 갈라 위 꼭지
부분을 넓게 도려내요. 꼭지의
안쪽도 심지가 있어 질길 수
있어요.

4. 가운데 씨 부분을 도려내요.
토마토 씨는 알레르기를 유발할 수
있으니 처음엔 제거하고,
차츰 포함해 주세요.

5. 손질한 토마토를 초퍼에 갈아요.

6. 요 정도 입자감입니다.
아기가 재료에 적응한 이후에,
차츰 입자감을 키워요.

7. 큐브에 소분해 냉동 보관합니다.

채소

새송이버섯

탱글탱글 쫄깃한 새송이버섯은 구워 먹어도, 육수에 넣어 먹어도, 푹푹 쪄 먹어도 맛이 좋아요. 버섯 향이
독특하거나 강한 편이 아니라 사랑이에게 처음 맛보여주는 버섯으로 저는 새송이를 선택했어요. 저도 참
좋아하는 버섯이라 넉넉히 구매해 사랑이 큐브 만들고, 점심 메뉴로 새송이덮밥 해 먹으면 엄지 척! 저절로
올라갑니다.

영양소

☑ **단백질** | 근육 발달과 성장에 필요한 아미노산이 풍부해요.

☑ **비타민 D, B** | 칼슘 흡수를 돕고, 뇌 발달을 도와요.

☑ **식이섬유** | 소화를 촉진하고 장 건강을 유지해요.

- 새송이버섯 330g
  (밑동 제거 후 280g)

완성

- 15ml 큐브 13개

1. 새송이버섯의 밑동을 잘라내요.

2. 익기 좋은 크기로 슬라이스해줬어요. 세로로 자르는 게 편해요.

 tip

버섯류는 굳이 세척하지 않아도 된다고 하는데, 아기가 먹을 거라 흐르는 찬물에 빠르게 세척했어요. 새송이는 갓 크기가 고르고 주름이 촘촘한 형태가 좋고, 갈색점이나 노랗게 변색된 부위가 있는 버섯은 고르지 않아요.

3. 찜기에서 약 10~12분간 쪘어요. 자르지 않고 통째로 익히면 훨씬 더 오래 걸리겠죠?

4. 초퍼에 넣고 갈아줍니다. 잘 갈리지 않으면 물 2~3큰술 넣기!

5. 큐브에 소분해 냉동 보관해요.

양송이버섯

가히 '종합선물세트'라고 불릴 만큼 영양도 풍부한데 풍미와 향의 깊이도 남다른 양송이! 양식 요리를 즐기는 제가 정말 애정하는 식재료예요. 독특한 향 때문에 사랑이가 싫어하면 어떡하지 걱정했는데, 입마중 나왔던 토핑입니다. 양송이 큐브를 만드는 방법은 두 가지예요. 쪄서 다지기, 다져서 볶기! 둘 중에 선호하는 방법으로 진행해 보세요!

영양소

☑ **단백질** | 근육 발달과 성장에 필요한 아미노산이 풍부해요.

☑ **비타민 D, B** | 칼슘 흡수를 돕고, 뇌 발달을 도와요.

☑ **폴리페놀, 셀레늄** | 항염 작용을 하고 피부 세포의 재생을 도와요.

재료

- 양송이
  볶기용·찌기용 각 100g
  (껍질과 기둥 제거 후 각 70g)

완성

- 찐 양송이 15ml 큐브 4개
- 볶은 양송이 15ml 큐브 3개

 tip

양송이버섯의 기둥은 아기에게 질
길 수 있어 이유식에서 사용하지 않
아요. 버리지 말고 모아뒀다가 채수
를 만들 때 사용해 보세요. 겉껍질은
맨 처음 아기에게 줄 때 제거했지만,
중기 후반부로 갈수록 차츰 포함해
서 조리했어요. 후기 땐 굳이 껍질을
제거하지 않고 큐브를 만들어도 괜
찮았어요.

양송이 찌기

1. 양송이버섯의 기둥을 제거 후,
껍질 안쪽의 끝부분을 잡고 벗겨요.

2. 양송이를 칼로 4등분해요.
자르지 않고 쪄도 돼요.

3. 찜기에 올려 약 15~20분간 쪄요.

4. 초퍼나 칼로 다진 후 큐브에 꾹꾹
눌러 담아 보관해요.

양송이 볶기

1. 기둥과 껍질 제거 후 초퍼에
갈아낸 양송이를 오일을 두르지
않은 팬에 넣고 볶아요.

2. 볶다 보면 금방 물이 생겨요.
이 수분이 모두 날아갈 때까지
볶아요.

3. 자, 이 정도가 되면 완성입니다.
찜기에 찐 양송이보다 색이
진하죠?

4. 큐브에 담아 보관해요.
찐 양송이보다 양이 적게 나온 건
수분이 날아갔기 때문이에요.

바나나아보카도퓨레

초기 때 간식으로 주었던 바나나와 중기 때 토핑으로 경험한 아보카도를 더해 영양 듬뿍 아기 속 든든한 퓨레로 만들었어요. 달콤하고 크리미한 퓨레로 아기 입맛을 잡아보세요.

NO EGG

재료

- 바나나 1개 100g
- 아보카도 1개 100g

완성

- 약 5~6회 분량

 tip

바나나아보카도퓨레에 분유나 모유를 추가해 스무디 형태로 먹어도 돼요. 아기 취향껏 엄마 요령껏 응용해도 좋아요.

1. 잘 익은 바나나의 양끝을 잘라낸 후 껍질을 벗겨요.

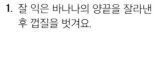

2. 바나나 과육을 뚝뚝 끊어 볼에 담아요.

3. 아보카도의 반을 갈라 씨를 빼고, 껍질을 제거해요.

4. 바나나 볼에 아보카도를 함께 담고 손으로 뭉개며 섞어줘요.

5. 믹서나 초퍼에 가는 게 아니라 다소 덩어리가 남을 수 있어요. 초기가 아니라 이 정도는 괜찮아요.

6. 1회 먹을 분량을 제외하고, 나머지는 냉동 보관했다 해동해 먹여도 돼요.

양파당근범벅

아기가 입맛이 없어 밥을 잘 안 먹거나 가볍게 아침을 먹이고 싶을 때, 혹은 영양 간식으로 뭐 해줄까 고민스러울 때 뚝딱 만들어보세요. 부드러운 식감 은은한 단맛, 사랑이가 좋아하는 메뉴입니다.

NO EGG

재료

- 양파 100g
- 당근 100g

완성

- 약 5~6회 분량

tip

육수나 채수를 끓일 때 사용한 당근과 양파를 범벅으로 만들면 일석이조예요. 육수 낸 야채를 버리지 않아서 좋고, 따로 찌는 과정 없이 바로 메뉴를 만들 수 있어 또 좋고! 아주 간단하게 휘리릭 뚝딱 영양 간식이 완성됩니다.

1. 양파와 당근을 차례로 손질해 익기 좋은 크기로 잘라요.

2. 양파와 당근을 찜기에 올려 약 20분간 푹 쪄요.

3. 한 김 식힌 후 초퍼에 넣고 갈아줘요. 이때 육수를 3~4큰술 넣어주세요. 육수가 없다면 물도 괜찮아요.

4. 잘 갈린 범벅을 볼에 담아 아기에게 줘요. 남은 분량은 냉동 보관해요.

제10장

슈퍼더블범벅

책을 쓰는 동안에는 어디에 가서 무얼 먹든 아기 버전으로 새롭게 해석해 메뉴를 개발하려고 애썼는데요. 이 메뉴 역시 그렇게 탄생했어요. 요리를 잘하는 호텔의 조식을 먹으면서 산뜻한 샐러드에 감탄했고, 중기 간식으로 요렇게 응용해서 만들어봤습니다. 퀴노아에 비트까지 슈퍼푸드가 2개나 들어가서 이름이 '슈퍼더블범벅'입니다. 색깔이 너무 화사하고 예쁘죠?

재료

- 퀴노아 30g
- 비트 50g

완성

- 약 2~3회 분량

1. 퀴노아는 깨끗하게 씻은 후 물에 1~2시간 이상 불려요.

2. 껍질을 제거한 비트를 얇게 슬라이스해 찜기에 올려요. 약 25~30분 쪄줍니다.

 tip 1

아기가 밥태기 왔을 때 해주기 좋은 영양 가득 메뉴예요. 퀴노아와 비트의 조합이 달달하고 고소해서 사랑이가 늘 잘 먹어줘요. 여기에 소고기 큐브 반 개 정도 함께 넣어주면, '탄·단·채' 다 채우는 영양 간식이 된답니다.

 **tip 2**

아기가 돌이 지나면 드레싱을 만들어 추가해도 좋아요. 맛을 더 상큼하고 달콤하게 끌어올려 줘요. 레몬즙 1작은술, 아가베시럽 1작은술이면 슈퍼더블범벅의 드레싱이 완성됩니다. 더 풍부한 맛을 아기가 즐겨줄 거예요.

3. 불린 퀴노아를 약 15~20분간 끓여줍니다.

4. 자, 퀴노아가 다 익었어요. 체에 받쳐 건져주세요.

5. 익힌 비트와 퀴노아를 초퍼에 넣고 갈아주면, 슈퍼더블범벅 완성입니다.

아보카도소고기범벅 ·
아보카도당근범벅

크리미하면서도 고소한 맛의 아보카도는 목넘김이 매우 부드러운 만능 간식 재료예요. 소고기 잘 안 먹는 사랑이를 위해 이보카도 속에 소고기를 '쏙쏙' 숨기기도 하고, 냉장고에 남은 당근을 더해 영양을 '끌어 올려' 주기도 했어요. 아주 간단하게 든든한 메뉴 완성입니다!

NO EGG

아보카도 소고기범벅

재료

- 아보카도 1/2개
  (껍질 제거 후 70g)
- 소고기 큐브 15ml 1개

완성

- 약 1~2회 분량

1. 씨와 껍질을 제거한 아보카도 반 개를 볼에 넣어요.

2. 냉동 보관해둔 소고기 큐브를 해동해 볼에 추가해요.

3. 포크로 아보카도를 으깨가며 소고기와 함께 잘 섞어요. 완성입니다!

아보카도 당근범벅

재료

- 아보카도 1/2개
  (껍질 제거 후 70g)
- 당근 큐브 15ml 2개
  (혹은 당근 30g)

완성

- 약 1~2회 분량

1. 씨와 껍질을 제거한 아보카도 반 개를 볼에 넣어요.

2. 당근을 익혀 볼에 추가해요. 당근 큐브가 있다면 활용해 주세요.

3. 아보카도와 당근을 함께 으깨가며 섞어주세요. 완성입니다!

리얼치즈팝

아기치즈 한 장으로 만드는 초간단 간식! 사랑이가 치즈를 먹기 시작할 때 신나서 만든 메뉴예요. 전자레인지마다 화력이 다르니 한 번에 길게 돌리기보다 상태를 확인하며 짧게 여러 번 돌려주세요.

NO EGG

재료

- 치즈 1장
- 파슬리가루 1꼬집

완성

- 1회 분량

1. 자, 치즈는 사랑! 아기치즈 한 장을 준비해 주세요.

2. 치즈를 한 입 크기로 잘라요. 저는 9등분 해줬어요.

 tip

등분한 치즈를 전자레인지용 용기에 배열할 때 간격을 넓게 벌려줘야 전자레인지에서 부푼 후 서로 붙지 않아요. 촘촘하게 배열하면 서로 엉겨 붙어 떼다가 부서져 버릴 수 있음 주의!

3. 전자레인지용 실리콘용기에 띄엄띄엄 펼쳐 배열한 후, 치즈 위에 파슬리가루를 솔솔 뿌려요.

4. 전자레인지에 넣고 15초 혹은 30초씩 끊어가며 돌리면, 통통하고 동그랗게 부풀어 올라요.

 pick

나트륨이 적고 식품첨가물이 없는 아기 전용 치즈를 선택해 주세요. 보통 생후 6개월부터 섭취 가능하다고 표기돼 있는데, 사랑이는 조금 더 안전하게 중기부터 먹었어요. 생후 6~11개월 아기의 나트륨 하루 적정 섭취량은 370mg이에요. 시판 슬라이스 아기치즈가 1장당 40~50mg의 나트륨을 함유하고 있으니 하루 2장 정도는 먹어도 돼요. 그래도 너무 많이 먹지 않도록 주의!

5. 완성입니다. 요렇게 똑 하고 가볍게 떨어져요. 과자 같은 식감이 되었어요.

건강든든 고바케이크

너무 간단하게 섬유질 가득, 열량 든든한 건강빵 완성이에요. 전체 조리 과정을 10분대에 끊을 수 있을 정도로 휘리릭 끝낼 수 있어요. 식감이 부드러워 아이 목에 걸릴 위험 없이 뚝딱 잘 먹어요.

재료

- 고구마 150g
- 바나나 80g(1개)
- 계란 1개

완성

- 약 1~2회 분량

1. 익힌 고구마와 바나나, 계란을
   초퍼에 넣고 갈아요.

2. 전자레인지용 용기에 반죽을
   옮겨 담고, 실리콘 뚜껑을 덮거나
   랩핑해요.

3. 전자레인지에서 5~7분 돌리면
   초간단 고바케이크 완성입니다.

땅바푸딩

고소한 땅콩과 달콤한 바나나의 조합은 진리! 재료 준비가 매우 간단한데, 사랑이가 정말 잘 먹어줬어요. 중기 때 땅콩 알레르기 테스트용으로 만들어도 좋은 푸딩입니다.

NO EGG

재료

- 바나나 75g
- 땅콩버터 15g
- 분유물 30g
  (분유 10g + 따뜻한 물 20g)

완성

- 약 1~2회 분량

tip

계란 만큼이나 알레르기에 민감한 재료인 땅콩! 요즘엔 오히려 알레르기 테스트가 늦어지는 걸 권장하지 않아요. 사랑이는 중기에 땅콩 테스트를 했고, 지속적으로 먹여서 잘 적응시켰어요. 땅콩버터는 땅콩 100% 제품을 사용하면 돼요.

1. 바나나의 양 끝을 잘라내고 껍질을 벗겨 준비해요.

2. 초퍼에 바나나, 분유물, 땅콩버터를 넣고 입자감이 작아지도록 갈아요.

3. 실리콘틀 혹은 오븐용기에 반죽을 붓고, 150도에서 14~15분 구워요.

4. 잘 구워진 땅바푸딩을 먹기 좋게 잘라 아기에게 제공해요.

바블모닝빵

사랑이네 집에 둥근 모닝빵이 떴습니다! 어른, 아이 전부 좋아할 맛이에요. 바나나의 달콤함과 블루베리의
상큼함이 만났어요. 옆에서 엄마가 집어 먹을 다이어트 간식으로도 좋습니다.

재료

- 블루베리 50g
- 바나나 200g
- 계란 2개
- 쌀가루 75g
- 오일 스프레이

완성

- 약 2~3회 분량

1. 바나나를 볼에 넣고 장갑 낀 손으로 열심히 으깨면, 이런 질감이 돼요.

2. 바나나가 담긴 볼에 계란과 쌀가루를 넣어요.

3. 재료가 잘 섞이도록 저어 반죽을 만들어요.

4. 마지막으로 블루베리도 퐁당퐁당 빠뜨려 줍니다.

 tip

블루베리 한 알을 통째로 넣으면 중기 초반에는 좀 부담이 될 수 있어요. 아기 입자감에 따라 잘게 다지거나 적당한 크기로 잘라주세요.

5. 넓은 유리용기에 오일 스프레이를 뿌리고 잘 펴발라요. 베이킹 후에 빵이 잘 떨어지게 하기 위함이에요.

6. 유리용기에 반죽을 부어요. 반죽 두께가 약 1cm 정도 되면 딱 좋아요. 반죽이 두툼하면 속까지 안 익음 주의!

7. 자, 준비 완료! 에어프라이어에 160도 30분 구워요. 기계마다 화력이 다르므로 타지 않게 잘 살피며 진행해요.

8. 맛있게 구워진 바블모닝빵, 완성입니다!

슈퍼요거트볼

장 건강을 돕는 요거트는 아기 디저트로 빼놓을 수 없죠. 시판 아기 요거트에 갖가지 과일 올려 요거트볼을 만들어봐요. 저는 직접 요거트 메이커에 숙성한 요거트를 사용했는데, 어느 쪽이든 괜찮아요. 사과, 바나나, 블루베리 등 아기가 잘 먹는 과일을 올려 디저트로 제공해 보세요.

NO EGG

재료

- 요거트 85g
- 사과 15g
- 바나나 15g
- 블루베리 15g

완성

- 약 1~2회 분량

tip 1

요거트 직접 만드는 법, 어렵지 않아요! 우유와 농후발효유 요거트를 일정 비율로 섞어 요거트 메이커에 넣고 8시간 이상 숙성해요. 밤에 만들어 놓으면 아침에 완성돼 있어요.

tip 2

블루베리는 껍질을 함께 섭취하면서 따로 익히지 않는 과일류라 중기 초반에 주기는 좀 부담될 수 있어요. 중기 후반이나 후기 이후부터 먹여도 좋습니다. 요거트볼 위에 얹는 과일은 딸기, 키위, 자두 등 알레르기 테스트를 마친 다른 과일로 대체해도 괜찮아요. 물론 과일이 하나만 있다면 하나만 올려도 됩니다.

1. 사과는 잘게 다진 후 칼등으로 꾹 눌러 즙을 내요.

2. 바나나도 칼등으로 눌러 으깨요.

3. 블루베리는 아기가 먹기 좋게 알알이 등분해 잘랐어요.

4. 도마 위에 준비된 요거트 토핑 재료들, 입장 준비 완료!

5. 요거트볼 위에 예쁘게 올려 제공해 주세요.

PART 4

후기
이유식

만 9~11개월

for
9-11 months
baby

1. 후기 이유식 시기와 입자감

후기 이유식은 만 9~11개월에 진행했어요. 아기에 맞게 서서히 입자감을 키우고, 이유식의 양을 늘려가요.

후기 쌀죽은 '1단계 4배죽→2단계 2배죽'으로 진행돼요. 거의 밥에 가까워져 각각 무른밥, 진밥이라고 불러요. 후기 '1단계 4배죽→2단계 3배죽→3단계 2배죽'으로 더욱 서서히 질감을 높여도 돼요. 아기에 맞게 진행하면 됩니다. 후기부터는 쌀알을 갈지 않고, 쌀을 불려 바로 조리하기 시작했어요. 익는 시간이 길어져 더 이상 냄비로 죽을 만들기 어려워요. 전기밥솥을 사용하면 되는데, 이것만 해도 한결 과정이 편해요.

하지만 사랑이 밥태기가 와서 고민이 많은 시기이기도 했어요. 진밥이 싫은 건지, 입맛이 없는 건지, 안 먹겠다고 난리여서 이런 이유식 단계나 배죽도 크게 의미가 없었어요. 밥태기가 심할 때는 쌀죽보다 감자, 고구마, 바나나, 오트밀 등에 고기, 채소를 넣은 아기 요리로 영양소를 골고루 채우려고 했어요. '탄·단·채'의 균형은 언제나 중요하니까요.

2. 후기 이유식 횟수와 시간

이유식을 1일 3회 먹기 시작해요. 아침, 점심, 저녁 하루 세 끼를 원칙으로 해요. 간식은 보통 1일 2회 제공했어요. 과일, 요거트, 과일스무디, 채소범벅, 건강빵 등을 주었어요. 수유는 아침 저녁으로 1일 2회 정도 했어요. 후기 때 수유를 3~4회까지 하는 경우도 있어요. 횟수보다 중요한 것은 점진적으로 이유식 양이 늘고, 수유량이 줄어드는 거예요.

* 후기 이유식 하루 시간표 *

오전			오후			
7시	9시	11시	1시	3시	6시	8시
수유	이유식	간식	이유식	간식	이유식	수유

3. 후기 이유식 한 끼 양

후기 이유식 한 끼에 약 130~190ml를 먹였어요. 잘 먹는 아기는 200~240ml까지 먹기도 해요. 무른밥 혹은 진밥과 토핑을 합친 한 끼의 총 양입니다. 아기의 체중이나 식성에 따라 먹는 양은 달라져요. 사랑이도 어떤 날은 더 먹기도 하고, 덜 먹기도 했어요. 그날그날 사랑이 상태에 따라 무리하지 않고 양을 유동적으로 조절했어요. 넓은 범위 안에서 우리 아기가 권장량을 잘 먹고 있는지 정도만 체크하면 될 것 같아요.

후기 수유량은 하루 총 500~700ml를 권장해요. 하지만 사랑이는 이 양을 다 채우진 못했어요. 사랑이가 원래 수유량이 많은 편이 아니었고, 이유식 양이 느니까 수유량이 자연스레 줄더라고요. 점차 이유식이 차지하는 비중이 높아집니다. 수유량이 부족할 경우 간식으로 요거트, 치즈를 활용하는 방법도 있어요.

4. 후기 이유식 큐브

초기, 중기 때 쌀죽 큐브는 60ml, 80ml 두 가지를 사용했어요. 후기부터는 무른밥, 진밥을 80ml 이상 담아야 할 경우가 생겨서 200ml 용기를 사용하기 시작했어요. 스튜, 수프 등의 경우는 120~180ml까지 담는 일도 있어 유용하게 잘 썼어요.

토핑 큐브도 바꿔주었어요. 초기, 중기 때 15ml였는데, 후기 때 30ml로 바꼈어요. 토핑을 좀 더 여러 가지로 주고 싶다면 20~25ml 크기도 괜찮아요. 30ml 큐브 중 눈금 있는 제품을 사도 돼요. 그럼 20ml나 25ml도 편하게 담을 수 있으니 쓰기 좋아요.

**초·중기 쌀죽 큐브(60,80ml)
→ 후기 진밥 용기(200ml)**

**초·중기 토핑 큐브(15ml)
→ 후기 토핑 큐브(30ml)**

5. 후기 이유식 '탄·단·채' 조합

후기 이유식 역시 '탄·단·채'의 조합은 중요해요. 건강한 탄수화물 섭취를 위해 하루 세 끼 식사 중 1~2회는 잡곡을 먹였어요. 초기, 중기 때 경험한 오트밀, 현미, 퀴노아에 후기 때 수수, 흑미까지 추가했어요. 공부하면 할수록 잡곡의 효능은 놀라워요. 게다가 요즘 단순당, 정제곡물 위주의 식사는 줄여야 한다는 인식이 높잖아요. 아기 식사도 마찬가지라고 생각했어요. 단, 아직 아기는 소화기관이 덜 발달했기 때문에 쌀과 잡곡의 비율은 4:1을 유지하는 게 좋아요.

단백질은 이렇게 구성했어요. 하루 세 끼 중 소고기, 닭고기를 두 끼 먹고, 나머지 한 끼를 흰살생선 혹은 두부, 계란을 먹였어요. 채소는 테스트가 끝난 초기, 중기 재료를 조합하되, 후기 때 새로운 채소를 3일에 1종씩 추가했어요. 새로운 재료를 더 많이 먹여보고 싶다면, 이 시기에는 2일에 1종씩 추가해도 돼요.

후기 때는 아기에게 먹일 수 있는 식재료 종류가 늘어요. 따라서 식단을 짤 때 재료 간 궁합을 살피는 데 신경을 썼어요. 재료별 궁합을 알아두면 식단 짜기가 수월합니다. 토핑 이유식을 구성할 때뿐만 아니라 궁합 좋은 재료들로 다양한 요리를 시도할 수 있어요.

후기 이유식 총 기간을 3개월로 잡았는데, 현재 식단은 1단계 한 달, 2단계 한 달 총 2개월 치예요. 나머지 한 달의 식단은 아기에 맞게 자유롭게 진행해도 좋을 시기예요.

6. 후기 이유식 주의사항

• 꿀은 아직 안 돼요

돌 전 아기에게 절대 먹이지 말아야 할 게 바로 꿀이에요. 꿀에는 보툴리누스균이 포함된 경우가 있어요. 이 독소가 어른의 간에서는 바로 해독이 되어 문제 될 것이 없는데요. 아기들에게는 기도가 좁아져 호흡 곤란이 오거나 신경 마비를 일으켜 심하면 사망에까지 이를 수 있어요. 반드시 주의해야 해요.

• 생우유도 돌 이후에

아직 생우유의 유당을 분해하는 능력이 발달하지 않았어요. 이 시기 아기가 생우유를 섭취하게 되면 복통이나 설사, 구토를 유발할 수 있어요. 또 신장에 부담을 주거나 빈혈을 일으킬 수도 있어요. 돌 전까지는 분유를 먹이고, 돌이 지나면 생우유를 테스트 후에 먹이도록 해요.

• 견과류를 통째로 주지 않아요

견과류를 통째로 제공하는 건 아직 위험해요. 견과류를 씹을 만큼 치아와 저작 기능이 발달하지 않아서 목에 걸려 질식할 위험이 있어요. 소량씩 갈아서 제공하거나 땅콩 100%가 갈아진 땅콩버터 제품을 조금씩 덜어 주세요.

7. 후기 이유식 식습관

• 숟가락을 쥐여주세요

스스로 먹고 싶은 욕구가 조금씩 생길 때예요. 사랑이가 숟가락과 친해질 수 있게 식사할 때 한 손에 숟가락을 쥐여줬어요. 제대로 숟가락질이 되지 않아 여기저기 흘리기도 하고 맘대로 되지 않으니 짜증을 내기도 해요. 하지만 처음이라 서툰 게 당연하겠죠? 점차 익숙해지면서 자연스럽게 스스로 숟가락으로 떠먹을 날이 올 거예요. 자꾸 노출해서 친근하게 느끼게 하는 게 중요해요. 사랑스러운 맘으로 지켜봐 주세요.

• 빨대컵을 연습해요

후기부터 본격적으로 빨대컵 사용을 연습했어요. 보리차를 빨대컵에 담아 스스로 먹는 능력을 키워주세요. 사랑이는 양손 빨대컵으로 시작했어요.

• 밤중 수유를 끊어요

이유식의 양이 늘고 수유량이 줄면서 보통은 밤중 수유를 끊게 돼요. 만약 후기 이유식 할 시기까지 밤중 수유를 끊지 않았다면, 낮에 충분히 먹이고 밤에는 수유를 끊는 게 당연히 좋습니다. 아기가 밤에 칭얼대거나 깨면 쉽게 재우기 위해 수유를 하는 경우가 있는데, 이렇게 습관을 들이면 점점 더 밤중 수유를 끊기 어려워지니 주의해요.

사랑이에게 제공한 후기 이유식 한 끼입니다. 탄수화물 1종, 단백질 1종, 채소 2종을 기본으로 구성했어요. 딸기나 밤 등을 함께 제공하기도 했어요. 입자감은 참고만 하고 아기에 맞게 점진적으로 늘려나가요.

· 후기 이유식 1단계 예시 ·

아스파라거스
15~30ml

느타리버섯
15~30ml

소고기 20~30ml

무른밥 70~90ml

딸기 20~30ml

· 후기 이유식 2단계 예시 ·

근대 15~30ml

콩나물 15~30ml

닭고기 20~30ml

흑미진밥 70~90ml

밤 20~30ml

· 후 기 이 유 식 식 단 표 ·

식단을 짤 때는 '탄·단·채'의 균형이 가장 중요해요. 후기 한 끼의 기본 구성은 탄수화물 1종, 단백질 1종, 채소 2종입니다. 간혹 쌀 대신 감자, 고구마로 탄수화물을 대체했고, 채소나 단백질을 1종 더 추가하기도 했어요. 후기가 되면서 3일까지 같은 재료를 먹는 게 어렵다면, 2일에 한 가지씩 새로운 재료를 시도하는 것도 괜찮아요. 후기 이유식은 총 3개월인데, 현재 식단은 2개월 치예요. 나머지 한 달은 자유롭게 진행하면 됩니다.

· 후기 이유식 1단계

		D+1	D+2	D+3	D+4	D+5	D+6
아침	탄	무른밥			무른밥		
	단·채	계란, 토마토, 시금치			대구살, 애호박, 양배추		
점심	탄	수수무른밥			오트밀무른밥		
	단·채	닭고기, 고구마, 브로콜리			소고기, 적양배추, 아욱		
저녁	탄	현미무른밥			무른밥, 감자		
	단·채	소고기, 아보카도, 양파			닭고기, 양송이버섯, 당근		

		D+7	D+8	D+9	D+10	D+11	D+12
아침	탄	무른밥			오트밀무른밥		
	단·채	닭고기, 콜리플라워, 양파			대구살, 아욱, 가지		
점심	탄	현미무른밥			무른밥, 감자		
	단·채	두부, 애호박, 당근			두부, 완두콩, 청경채		
저녁	탄	무른밥			수수무른밥		
	단·채	소고기, 계란, 새송이버섯, 오이			소고기, 단호박, 양배추, 브로콜리		

		D+13	D+14	D+15	D+16	D+17	D+18
아침	탄	고구마			현미무른밥		
	단·채	계란, 당근, 시금치			소고기, 느타리버섯, 비트		
점심	탄	무른밥			무른밥		
	단·채	닭고기, 아보카도, 양파			대구살, 두부, 단호박		
저녁	탄	수수무른밥			퀴노아무른밥		
	단·채	소고기, 콜리플라워, 적양배추			소고기, 토마토, 오이		

		D+19	D+20	D+21	D+22	D+23	D+24
아침	탄	오트밀무른밥			감자		
	단·채	닭고기, 두부, 배추			소고기, 새송이버섯, 오이		
점심	탄	무른밥			수수무른밥		
	단·채	소고기, 양송이버섯, 완두콩, 가지			소고기, 배추, 무		
저녁	탄	현미무른밥			무른밥		
	단·채	계란, 브로콜리, 당근			두부, 비트, 양파		

		D+25	D+26	D+27	D+28	D+29	D+30
아침	탄	퀴노아무른밥			무른밥		
	단·채	대구살, 완두콩, 배추			소고기, 느타리버섯, 아스파라거스		
점심	탄	감자			무른밥		
	단·채	소고기, 계란, 케일			두부, 브로콜리, 적양배추		
저녁	탄	무른밥			퀴노아무른밥, 고구마		
	단·채	닭고기, 두부, 청경채			닭고기, 콜리플라워, 당근		

· 식단표는 예시입니다. · 새로 추가되는 재료는 볼드 처리했어요.
· '탄'은 탄수화물, '단'은 단백질, '채'는 채소입니다.
· 완두콩·병아리콩은 콩류에 속하지만, 열매채소이기도 해서 이 책에서는 채소에 포함했어요.
· 후기 1단계 4배죽, 2단계 2배죽이 기준입니다. 매일 쌀과 잡곡을 섞어 복합 탄수화물을 섭취해요.
· 매일 소고기, 닭고기로 단백질을 섭취합니다. 단백질은 생선, 두부, 계란 등으로 대체 가능합니다.
· 채소 역시 아기가 테스트를 마친 다른 종류로 대체 가능합니다. 이때 채소 간 궁합을 살피세요.

·후기 이유식 2단계

		D+1	D+2	D+3	D+4	D+5	D+6
아침	탄	진밥			진밥		
	단·채	닭고기, 케일, 당근			두부, 대구살, 양배추		
점심	탄	현미진밥			**흑미진밥**		
	단·채	계란, 단호박, 콜리플라워			닭고기, 비트, 배추		
저녁	탄	진밥			진밥		
	단·채	소고기, 아보카도, 브로콜리, 양파			소고기, 아스파라거스, 토마토		
		D+7	D+8	D+9	D+10	D+11	D+12
아침	탄	진밥			감자		
	단·채	닭고기, 아보카도, **연근**, 당근			닭고기, 계란, 애호박		
점심	탄	수수진밥			현미진밥		
	단·채	소고기, 완두콩, 배추			대구살, **콩나물**, 무		
저녁	탄	진밥			진밥		
	단·채	두부, 대구살, 애호박			소고기, 새송이버섯, 적양배추		
		D+13	D+14	D+15	D+16	D+17	D+18
아침	탄	퀴노아진밥, **옥수수**			고구마		
	단·채	계란, 완두콩			닭고기, **부추**, 양파		
점심	탄	현미진밥			흑미진밥		
	단·채	닭고기, 단호박, 아스파라거스			소고기, 양송이버섯, 케일		
저녁	탄	진밥			진밥		
	단·채	소고기, 가지, 시금치			닭고기, 연근, 청경채		
		D+19	D+20	D+21	D+22	D+23	D+24
아침	탄	진밥			진밥		
	단·채	두부, 콩나물, 아욱			소고기, 아보카도, 오이		
점심	탄	오트밀진밥			퀴노아진밥, **밤**		
	단·채	닭고기, **파프리카**, 당근			닭고기, 부추		
저녁	탄	수수진밥, 감자			현미진밥		
	단·채	소고기, 적양배추, 브로콜리			소고기, 느타리버섯, 애호박, 가지		
		D+25	D+26	D+27	D+28	D+29	D+30
아침	탄	흑미진밥			감자, 옥수수		
	단·채	소고기, **근대**, 양파			닭고기, **병아리콩**		
점심	탄	수수진밥			흑미진밥, 밤		
	단·채	닭고기, 연근, 비트			닭고기, 콩나물, 케일		
저녁	탄	진밥			수수진밥		
	단·채	대구살, 배추, 무, 부추			소고기, 파프리카, 브로콜리, 양파		

후기 이유식

$$\boxed{\text{1단계}}$$

중기 때 다채로운 재료를 경험한 후 만 9개월에 후기 이유식 1단계를 시작했어요. 이제 쌀을 갈거나 쌀가루를 쓰지 않아요. 쌀을 그대로 불려 무른밥을 할 거예요. 토핑의 입자감도 차츰 커지고, 토핑 큐브도 15ml 기준에서 30ml로 키웠어요. 아침, 점심, 저녁 하루 세 끼를 먹기 시작합니다.

무른밥
(4배죽)

쌀을 갈지 않고 쌀알 그대로 불려 밥솥에 밥을 하기 시작해요. 어른 밥에 물을 부어 다시 끓이는 방법도 있는데요. 밥을 죽으로 만드는 방식은 아무래도 맛이 떨어져요. 저는 무조건 '맛있게 해주기'가 목표여서 이유식 내내 사랑이 밥은 별도로 했어요. 후기 1단계는 불린 쌀 대비 물의 양이 4배인 '4배죽'을 하는 시기예요. 이를 '무른밥'이라고 해요.

영양소

- ☑ **탄수화물** | 활동적인 아기에게 안정적 에너지원이 되어요.
- ☑ **비타민 B** | B1, B2, B6가 함유돼 인체 대사에 중요한 역할을 해요.
- ☑ **식이섬유** | 소화를 촉진하고 체내 노폐물을 배출해요.

재료

- 쌀 130g
  (불린 후 180g)
- 물(혹은 육수+물) 720ml

완성

- 약 90ml 5개
  (혹은 약 75ml 6개)

tip 1

밥솥 모델마다 이유식 취사 모드가 다를 수 있어요. 이유식 기능이 있는 경우도 있고, 죽, 영양죽, 건강죽 등의 모드를 쓰기도 해요. 밥솥 사용설명서를 참고해서 적절한 모드를 선택해 주세요.

tip 2

후기 이유식 시작할 때 90ml가 다소 많다면, 75ml씩 6개 용기에 나눠 담아도 돼요. 하루 3끼 먹는다고 했을 때 원물량을 계산해 보면 권장량 대비 적은 양은 아니예요.

1. 계량한 쌀과 물을 밥솥에 부어요. 물의 양만큼 적절히 육수를 섞어 써도 돼요.

2. 이대로 '이유식' 혹은 '죽' 모드로 돌려주세요.

3. 취사가 끝났어요. 언뜻 물이 많아 보이는데, 주걱으로 잘 섞어주면 적절한 질감이 돼요.

4. 약 90ml씩 5개 분량이 나왔어요. 75ml씩 6개로 소분해도 돼요. 냉동 보관해 주세요.

후기

탄수화물

수수무른밥
(4배죽)

최근 농촌진흥청에서 실시한 연구에서 수수의 탁월한 효능이 입증됐다고 해요. 수수가 나쁜 콜레스테롤의
흡수를 최고 50%까지 억제한다니 놀랍지 않나요? 또 항산화 성분인 폴리페놀 함량이 흑미의 2배, 포도주
의 6배에 이를 정도예요. 몸에 좋은 수수를 빼놓지 말고 꼭 챙겨주세요. 후기 때도 쌀과 잡곡의 비율은 약
4:1 정도로 했어요.

영양소

☑ **폴리페놀, 탄닌** | 활성 산소를 제거하고 염증을 예방해요.

☑ **탄수화물** | 활동적인 아기에게 안정적 에너지원이 되어요.

☑ **식이섬유** | 소화를 돕고 포도당 흡수를 늦춰요.

- 쌀 100g+수수 30g
  (불린 후 총 180g)
- 물(혹은 육수+물) 720ml

완성

- 약 100ml 5개
  (혹은 약 80ml 6개)

1. 계량한 쌀과 수수, 물을 밥솥에 부어요. 물의 양만큼 적절히 육수를 섞어 써도 돼요.

2. 이대로 '이유식' 혹은 '죽' 모드로 돌려주세요. 취사가 끝나면 주걱으로 잘 저어주세요.

 tip

쌀만 했을 때와 '쌀+수수'로 했을 때의 총 곡물 양과 물의 양, 취사 시간이 동일한데, '쌀+수수'일 때의 총량이 더 많이 나왔어요. 아무래도 각 곡물을 불린 시간과 곡물의 수분 함량 등 모든 조건을 동일하게 맞추기 어렵기 때문일 거예요. 따라해 보는 동지들 역시 총량이 조금씩 다를 수 있는데요. 중요한 것은 원물의 양이에요. 총량이 다른 것은 수분 함량이 다른 것뿐이니 레시피대로 했다면 괜찮아요.

3. 100ml씩 5개가 나왔어요. 80ml씩 6개로 소분해도 괜찮아요. 냉동 보관해 주세요.

배추

한국인에게 가장 사랑받는 채소 중 하나, 바로 배추입니다. 어른들은 김치나 국, 나물 등으로 배추를 자주 섭취해요. 아기도 꼭 적응해야 할 토핑 중 하나죠. 배추는 비타민C가 매우 풍부해요. 기특한 것은 열을 가해도 비타민 손실이 크지 않다는 거예요. 영양 듬뿍 배추를 푹 쪄서 아기에게 제공해 보세요. 면역에도 좋고, 피부에도 좋고, 수분과 섬유질이 많아 변비 예방에도 그만입니다.

영양소

- ☑ **비타민 C** | 면역을 높이고, 피부에 이롭고, 피로 회복을 도와요.
- ☑ **수분, 식이섬유** | 영양소를 각 기관에 전달하고, 소화를 도와요.
- ☑ **칼슘, 철분** | 뼈와 치아를 튼튼하게 하고, 혈액 형성을 도와요.

재료

- 배추잎 5~6장 330g
  (줄기 제거 후 100g)

완성

- 30ml 큐브 4개

1. 배추잎을 떼어 준비해요. 5~6장 정도 떼었어요.

2. 두꺼운 줄기 부분은 삼각형 모양으로 잘라 제거해요. 아기에게 다소 질긴 식감일 수 있어요.

tip

처음에는 부드러운 잎만 사용하다가 점차 줄기를 포함해 조리해도 됩니다. 또 점차 초퍼 사용을 줄이고 칼로 다져 입자감을 키워도 되는 시기예요. 중기 때 충분히 잘 먹어주었다면 차츰 입자를 키워보세요.

3. 부드러운 잎만 찜기에 올려 약 10~15분간 쪄요.

4. 한 김 식힌 후 초퍼에 넣고 다져요. 칼로 다져도 됩니다.

pick

배추를 고를 땐 초록색 겉잎이 싱싱하게 붙어있는지 확인해요. 배추잎들이 단단히 잘 밀착되어 서로 벌어져 있지 않고, 속이 꽉 찬 것이 좋아요.

5. 요렇게 갈아졌어요. 후기부터는 토핑에 물을 굳이 추가하지 않아도 돼요.

6. 큐브에 담아 냉동 보관해요.

후기

적양배추

채소가 가진 자연의 색은 고유의 영양과 효능을 품고 있죠. 적양배추는 '적채'라고도 부르는 대표적인 퍼플 푸드! 일반 양배추에 비해 비타민C가 더 풍부하고요. 안토시아닌이 함유돼 눈을 맑게 하고, 혈관을 깨끗이 청소하고, 항산화 효과도 탁월해요. 사랑이 주려고 푹 쪘더니 보라색이 더 선명해져서 오, 마치 자수정처럼 예쁘게 빛나요. 보기만 해도 웃음! 보고만 있어도 힐링!

영양소

- ☑ **비타민 A, C** | 아기의 눈 건강을 돕고, 면역력을 높여요.
- ☑ **식이섬유** | 소화를 촉진하고 장 건강을 유지해요.
- ☑ **안토시아닌** | 체내 염증을 억제하고, 시력 회복을 도와요.

재료

• 적양배추 1/4통 250g
(심과 줄기 제거 후 120g)

완성

• 30ml 큐브 5개

tip

양배추과는 재배 과정에서 농약을 많이 쓴다고 알려져 있어요. 저 역시 잔류 농약 걱정 때문에 세척에 신경 썼어요. 가장 겉잎은 떼서 버리고, 물에 5분 이내로 담가 두었다가 흐르는 찬물에 30초 이상 문질러 씻어요. 지나치게 많이 씻으면 수용성 영양소가 파괴될 수 있어요.

pick

적양배추는 속이 단단하고, 생기 있는 자주색을 띠며, 겉면에 광택이 나는 것을 골라요.

1. 적양배추의 심과 줄기 부분을 제거해요. 양배추보다 적양배추가 약간 더 두껍고 질긴 편이에요.

2. 잘 고른 적양배추 색 좀 보세요. 화사하고 밝은 자줏빛, 보랏빛을 띠어요.

3. 부드러운 잎 위주로 골라 적당한 크기로 찢어 찜기에 올려요. 10~15분간 쪄요.

4. 다 쪄진 적양배추는 훨씬 더 진한 보라색을 띱니다.

5. 초퍼에 넣고 갈아줄게요. 끊어 갈며 입자감을 조절해요. 칼로 다져도 됩니다.

6. 잘 갈아진 적양배추 입자감이에요. 아기가 잘 먹으면 입자감을 점차 키우세요.

7. 큐브에 소분해 냉동 보관해요.

콜리플라워

콜리플라워는 거의 브로콜리와 흡사한 모양인데, 꽃송이와 줄기가 하얀색이에요. 익히면 브로콜리보다 더 부드러운 식감을 가져서 작게 다듬어 덩어리로 줘도 사랑이가 잘 먹어줬어요. 맛이 강하지 않아서 다른 재료들과의 궁합이 좋고, 영양도 풍부해서 자주 손이 가는 식재료예요.

영양소

☑ **비타민 C, K** | 면역 강화, 피부 건강, 혈액 응고를 도와요.

☑ **폴리페놀** | 체내 염증을 조절하고, 세포를 보호해요.

☑ **식이섬유** | 소화를 원활하게 하고, 장 건강을 지켜요.

재료

- 콜리플라워 1송이
  (줄기 제거 후 380g)

완성

- 30ml 큐브 15개

 pick

콜리플라워의 송이가 빈틈없이 촘촘하게 붙어있는 게 좋아요. 노란색, 갈색 반점이 있으면 신선도가 떨어진 상태일 수 있어요. 균일한 순백색으로 되도록 얼룩이 없는 걸 고르세요.

1. 찬물에 식초를 2~3큰술 정도 풀어 송이째 뒤집어서 5분간 담가요. 집게로 고정해 두면 편해요. 이후 흐르는 물에 씻어요.

2. 굵은 줄기는 제거하고 작은 송이 부분만 잘라내요.

3. 작은 송이만 볼에 담아 다시 한번 찬물에 여러 번 세척해요.

4. 찜기에 올려 10~12분간 쪄요.

5. 한 김 식힌 후 초퍼에 갈거나 칼로 다져요. 점차 입자감을 키워주세요.

6. 큐브에 소분해 냉동 보관해요. 한 송이를 다 사용했더니 꽤 많은 양이 나왔어요.

무

여름무는 사랑이가 잘 먹어주지 않더니, 겨울무는 어쩜 양손으로 먹더라고요. 추울수록 단맛이 올라가는 무! 겨울이 제철이에요. 익히면 부드러워지는 무는 소화 기능에 도움을 주고, 비타민과 미네랄을 듬뿍 품고 있어요. 육류, 생선과의 궁합도 두루두루 좋아요.

영양소

☑ **비타민 C** | 항산화 작용을 하고, 면역을 강화해요.

☑ **식이섬유** | 소화를 촉진하고 변비를 예방해요.

☑ **수분, 칼륨** | 무는 당분이 낮고 수분은 높아요. 신경, 근육을 튼튼하게!

재료

- 무 500g
  (껍질 제거 후 400g)

완성

- 30ml 큐브 14개

1. 감자칼로 무의 껍질을 벗겨줍니다.

2. 무를 반으로 자른 후 익기 좋은 두께로 슬라이스해요. 깍뚝 썰기보다 빨리 익어요.

 tip

무와 당근은 궁합이 좋지 않아요. 함께 식단 짜는 걸 피해주세요.

3. 찜기에 올려 약 20분간 쪄요. 푹 익어야 단맛이 올라와요.

4. 한 김 식힌 무를 초퍼에 갈아요. 후기라 입자를 키웠어요.

 pick

갈라짐 없이 매끈하고 단단하며 초록색과 흰색의 경계가 분명한 것이 맛있는 무예요. 흔히 말하는 '바람 든 무'는 눌렀을 때 단단하지 않고 물컹할 확률이 높아요. 속이 차지 않고 구멍이 생겨 다른 무보다 가볍고, 두드렸을 때 '퉁퉁' 공기 소리가 나기도 해요. 바람이 든 무를 고르면 푸석하고 물러서 영 맛이 없어요.

5. 큐브에 소분해 냉동 보관해요.

후기

느타리버섯

쫄깃한 식감과 은은한 풍미로 국, 나물, 수프 등에 두루 활용하기 좋은 버섯이에요. 다만 아기가 다소 질기게 느낄 수 있어 후기 재료로 넣었어요. 칼로리는 낮은데 단백질, 섬유질, 각종 항산화 물질이 풍부하게 함유되어 있고요. 콜레스테롤, 염증 수치를 낮추는 데도 도움이 된다고 해요.

영양소

☑ **단백질** | 근육 발달과 성장을 돕는 아미노산이 풍부해요.

☑ **비타민 B** | 에너지 대사에 기여하고 뇌 발달을 도와요.

☑ **베카글루칸** | 항염 작용이 뛰어나고 면역을 강화해요.

재료

- 느타리버섯 250g
  (밑동 자른 후 200g)

완성

- 30ml 큐브 6개

············ **tip** ············

버섯류의 세척은 필수가 아닌데요.
아기가 먹는 이유식인 만큼 저는 흐
르는 찬물에 빠르게 세척 후 조리를
시작했어요.

pick

느타리버섯은 갓의 표면이 약간 회색빛
이 돌고, 갓이 갈라지지 않으며 탄력 있
는 걸 골라요. 갓 바로 아래쪽에 빗살무
늬가 뭉개지지 않고 선명한 흰색을 띨수
록 신선한 거예요. 구매 후에 3~4일이면
물러지기 때문에 빠르게 조리하는 편이
좋아요.

1. 느타리버섯의 밑동을 칼로
잘라내요.

2. 줄기를 듬성듬성 뜯어서 찜기에
올려요.

3. 약 7~10분간 쪘어요. 끓는 물에
데친다면 3분 정도가 적당해요.

4. 한 김 식힌 후 초퍼에 다져요.
칼로 잘라도 돼요.

5. 적당히 잘 다져졌어요.

6. 큐브에 소분해 냉동 보관해요.

후기

케일

제가 정말 사랑하는 슈퍼푸드, 케일입니다! 케일은 녹황색 채소 중 베타카로틴이 가장 풍부해요. 우리 몸에 유해한 활성 산소를 억제하고, 강력한 항산화 작용을 하여 면역도 키워줘요. 다소 향이 강한 채소라 걱정했는데, 사랑이는 케일을 처음부터 잘 먹어줬어요. 혹여라도 케일을 거부하거나 안 먹는 아기가 있더라도 책 속에 케일을 활용한 레시피들을 꼭 따라해 보세요.

영양소

☑ **비타민 A** | 베타카로틴이 풍부해 항산화 효과가 뛰어나요.

☑ **비타민 C, K** | 면역 강화, 혈액 응고를 도와요.

☑ **식이섬유** | 소화를 촉진하고 장 건강을 유지해요.

재료

• 케일 100g
  (줄기 제거 후 70g)

완성

• 30ml 큐브 3개

·········· **tip** ··········

케일 같은 잎채소는 물에 삶은 후에 부피가 확 줄어요. 케일 큐브를 자주 쓴다면, 부드러운 쌈채소용 케일을 200~300g가량 준비해서 넉넉히 만들어 두세요. 감자, 사과, 소고기 등과도 궁합이 좋아요. 특히 책에 담은 밥태기 극복 레시피 '기적의 포케볼(p.322)'은 꼭 따라해 보시길 추천해요.

1. 식초를 1~2큰술 푼 찬물에 케일을 5분 이내로 담가요. 이후 흐르는 찬물에 깨끗이 세척해요.

2. 줄기를 V자 모양으로 칼로 잘라 제거해요. 처음 먹는 아기에게는 질길 수 있어요.

3. 손질한 케일을 끓는 물에 30초~1분가량 삶아요.

4. 케일을 건져 손으로 물기를 꾹 짜주세요.

5. 양이 적은 잎채소라 초퍼를 쓰지 않고, 칼로 다질게요. 후기라 아주 잘게 다지지 않아도 돼요.

6. 요 정도 입자감으로 다졌어요.

7. 큐브에 소분해 냉동 보관해요.

후기

완두콩

어린 시절에 엄마가 완두콩 밥을 해주시면, 완성되기 전부터 밥솥 앞에서 기다렸던 기억이 나요. 그리고 흰 쌀밥 사이사이 잘 익은 완두콩을 씹었을 때, 입안에 고소하고 부드럽게 퍼지던 맛과 식감이 여전히 생생해요. 이 기분 좋은 추억을 떠올리며 초록초록 어여쁜 색깔의 완두콩 토핑을 만들었어요. 맨 처음 조리할 땐 껍질을 제거했는데, 그다음부터는 따로 제거하지 않고 온전히 삶아도 괜찮았어요.

영양소

☑ **식물성 단백질** | 아기의 성장과 근육 발달에 도움을 줘요.

☑ **식이섬유** | 소화를 촉진하고 변비를 예방해요.

☑ **비타민 B1, B2** | 피로 회복과 신체 대사에 기여해요.

재료

• 완두콩 100g

완성

• 30ml 큐브 4개

.... tip ....

완두콩은 현미, 소고기, 밀 등과 궁합이 좋아요. 필수 아미노산이 부족한 현미의 단점을 완두콩이 보완해 주거든요. 아기 잡곡죽, 잡곡밥에 넣어주거나 소고기와 함께 반찬으로 제공해도 아주 나이스!

pick

저는 콩류를 고를 때 유전자 변형콩이 염려스러워 '국산콩', '유기농' 제품을 골랐어요.

1. 완두콩을 물에 6시간 이상 불려요. 전날 밤에 불려놓으면, 다음날 조리하기 좋아요.

2. 완두콩을 찬물에 헹구고, 속껍질을 제거해 주세요. 아기가 재료에 적응하면 껍질을 포함해도 돼요.

3. 완두콩을 끓는 물에 약 15분간 삶아요. 중간중간 콩이 잘 익었는지 확인해 주세요.

4. 초퍼에 넣고 다져요. 작은 알갱이들이라 헛돌 수 있는데, 물을 2~3큰술 넣으면 좀 수월해요.

5. 요 정도 입자감으로 갈아줬어요.

6. 큐브에 소분해 냉동 보관해요.

후기

아스파라거스

아스파라거스는 그 자체의 맛과 풍미가 이미 완성형이죠. 구워 먹어도 쪄 먹어도 맛있답니다. 처음에는 줄기 하나하나 껍질을 까는 과정이 조금 번거롭게 느껴질 수 있어요. 다듬고 손질하고 조리해서 담은 큐브 양이 생각보다 너무 적은 것도 놀라워요. 하지만 워낙 영양이 풍부하고 맛있기 때문에 사랑이가 잘 먹는 모습을 보면 뿌듯해요.

영양소

☑ **글루타치온** | 아미노산이 결합한 강력한 항산화 물질이 함유돼 있어요.

☑ **비타민 A, C, K** | 눈 건강, 면역 강화, 뼈 건강, 혈액 응고를 도와요.

☑ **식이섬유** | 소화 효소를 활성화하고, 장 건강을 도와요.

재료

• 아스파라거스 120g
  (밑동 제거 후 80g)

완성

• 30ml 큐브 3개

························ ························

아스파라거스를 조리 전에 깨끗이
세척해 주세요. 저는 5분 이내로 물
에 담갔다가 흐르는 찬물에 꼼꼼히
씻어낸 후 사용했어요.

pick

베이베 아스파라거스, 일반 아스파라거
스 두 종류가 있는데, 어떤 것을 사용해
도 크게 상관 없어요. 두 가지 모두 사용
해 봤는데, 어차피 껍질을 벗겨 익히면
식감이 부드러워지거든요. 사랑이가 둘
다 잘 먹어주었어요. 단, 봉우리가 단단
하고 끝이 모여 있는 형태의 아스파라거
스를 고르는 게 신선해요.

1. 아스파라거스의 밑동을 약 2~3cm
   제거해요. 다소 질기고 맛이 덜한
   부분이에요.

2. 감자칼로 아스파라거스의
   껍질을 제거해요. 식감이 훨씬
   부드러워져요.

3. 찜기에 올려 약 9~10분간 쪄요.

4. 아기가 먹을 만한 크기로 다져요.
   입자감을 위해 칼로 썰었어요.

5. 다른 토핑보다 크게 썰었는데
   식감이 부드러워 사랑이가 잘
   먹어주었어요.

6. 큐브에 소분해 냉동 보관해요.

후기 이유식

2단계

만 10개월부터 후기 2단계를 시작했어요. 이제 진밥을 먹고, 토핑의 입자감도 커졌어요. 토핑을 갈거나 다지기보다 아기가
먹기 좋게 약 1cm 미만으로 잘라줘도 무리가 없는 시기입니다. 이제 더 다양한 식재료의 세계로 크게 한 걸음 떼어볼게요.

탄수화물

진밥
(2배죽)

이제 불린 쌀 대비 물의 양이 2배가 되는 '2배죽'을 시도해도 좋을 시기입니다. 사실 죽이라기보다 밥에 더 가까워서 '진밥'이라고 해요. 후기 2단계 즈음 되면, 밥을 질고 부드럽게 해서 가족 모두가 다 같이 먹기도 해요. 아기가 잘 먹어주기만 한다면 유연하게 생각해도 좋을 시기예요.

영양소

☑ **탄수화물** | 활동적인 아기에게 안정적 에너지원이 되어요.

☑ **비타민 B** | B1, B2, B6가 함유돼 인체 대사에 중요한 역할을 해요.

☑ **식이섬유** | 소화를 촉진하고 체내 노폐물을 배출해요.

재료

- 쌀 130g
  (불린 후 180g)
- 물(혹은 육수+물) 360ml

완성

- 약 90ml 4개
  (혹은 약 70ml 5개)

 tip

왜 우리 아기는 이만큼 못 먹을까?
혹시라도 고민하고 동지들 계실까
봐 말씀드려요! 후기 1단계, 2단계
로 간다고 해서 아기 밥 양이 훌쩍
늘어나지 않아요. 물 양이 줄기 때문
이에요. 아기마다 다르지만, 90ml
가 다소 많을 수 있어요. 70ml씩 5
개 용기에 나눠 담아도 돼요. 하루 3
끼 먹는다고 했을 때 원물 양을 계산
해 보면 후기 권장량 대비 부족한 양
은 아닙니다.

1. 계량한 쌀과 물을 밥솥에 부어요.
물의 양만큼 적절히 육수를 섞어
써도 돼요.

2. 이대로 '이유식' 혹은 '죽' 모드로
돌려주세요.

3. 취사가 끝났어요. 주걱으로
잘 섞어주면 적절한 질감이 돼요.

4. 약 90ml씩 4개 분량이 나왔어요.
아기가 먹는 양에 따라 70ml씩
5개로 소분해도 돼요. 냉동
보관합니다.

후기

흑미진밥

(2배죽)

블루베리의 보라색, 흑미의 검은색이 바로 '안토시아닌'이라는 수용성 색소 때문인데요. 흑미의 안토시아닌 성분이 무려 검은콩 대비 4배 이상 함유돼 있다고 해요. 또 흑미는 백미보다 훨씬 더 많은 섬유질, 단백질, 비타민, 미네랄을 품고 있어요. 영양가 최고인데, 다소 거친 고소함과 강렬한 색 때문에 후기 2단계로 넣었어요.

영양소

- ☑ **비타민 B** | 에너지 대사에 기여하고 뇌 발달을 도와요
- ☑ **단백질** | 근육 발달에 필요한 아미노산을 제공해요.
- ☑ **식이섬유** | 소화를 촉진하고 장 건강을 유지해요.

재료

- 쌀 100g + 흑미 30g
  (불린 후 총 180g)
- 물(혹은 육수+물) 360ml

완성

- 약 90ml 4개
  (혹은 약 70ml 5개)

 tip

70ml씩 5개 용기에 나눠 담아도 돼요. 하루 3끼 먹는다고 했을 때 원물 양을 계산해 보면 후기 권장량 대비 부족하지 않아요.

1. 계량한 쌀과 흑미, 물을 밥솥에 부어요. 물의 양만큼 적절히 육수를 섞어 써도 돼요.

2. 이대로 '이유식' 혹은 '죽' 모드로 돌려주세요.

3. 취사가 끝났어요. 주걱으로 잘 저어주세요.

4. 약 90ml씩 4개 분량이 나왔어요. 아기가 먹는 양에 따라 70ml씩 5개로 소분해도 돼요. 냉동 보관합니다.

후기

옥수수

사랑이의 최애 곡물, 옥수수입니다! 지금은 너무 좋아하지만, 중기 후반에 옥수수를 핸드블렌더에 갈아줬다가 뭉클한 식감이 어색했는지 잘 안 먹더라고요. 후기 막바지에 칼로 듬성듬성 다져주니까 옥수수 맛에 눈을 번쩍 떴어요. 이후 한 알씩 떼어서 주니까 양손은 바쁘게, 발목을 빙글빙글 돌려가며 아주 맛있게 먹었어요. 돌 이후에는 옥수수를 통째로 반 뚝 끊어 주는데, 깨끗하게 입으로 앙 물어서 제법 폼나게 먹어요. 그 과정을 지켜보는 게 참 즐거웠답니다.

영양소

- ☑ **탄수화물** | 성장하는 아기에게 꼭 필요한 에너지를 공급해요.
- ☑ **비타민 B1, B5, B6** | 에너지 대사와 신경 기능에 지원해요.
- ☑ **식이섬유** | 소화가 천천히 이뤄져 포만감이 크고 변비를 예방해요.

재료

- 옥수수 1개 350g
  (알맹이 손질 후 후 220g)

완성

- 30ml 큐브 8개

······ tip ······

옥수수를 섭취하면서 껍질이 목에
걸리지 않게 잘 관찰해 주세요!

 pick

사랑이 첫 옥수수로 쫀득하고 고소한 '찰
옥수수'를 선택했어요. '초당옥수수'는 단
맛이 강하고 식감도 아삭한 편이라 돌 이
후에 천천히 주었어요.

1. 옥수수를 중불에서 약 40~50분
삶아요.

2. 옥수수의 두꺼운 부분이 아래로
가게 세우고 칼로 알맹이를 긁어요.

3. 옥수수 알맹이를 칼로 다져요.
알맹이를 반 정도 크기로 자른다고
생각하면 돼요.

4. 입자감 확인할게요. 잘게 다지기
어려운 토핑이라 후기 2단계부터
제공해 주세요.

5. 큐브에 소분해 냉동 보관해요.

밤

포실포실한 제철 밤은 쪄 먹어도 맛있고, 구워 먹어도 멈출 수 없는 맛이에요. 사랑이에게 첫 밤은 푹 쪄서 토핑으로 제공했는데요. 빵에 넣어 간식으로 주거나 우유를 더해 라떼로 만들어도 참 맛있어요. 닭고기, 양파와의 궁합도 좋습니다.

영양소

☑ **탄수화물** | 고 탄수화물 식품으로 활동적 아기의 에너지원이 돼요.

☑ **비타민 A, B, C** | 피로 회복, 면역 강화, 소화 기능 회복에 좋아요

☑ **식이섬유** | 장내 환경을 정돈하고, 콜레스테롤 수치를 낮춰요.

재료

- 밤 400g
(삶아서 껍질 제거 후 240g)

완성

- 30ml 큐브 9개

tip

소금물에 밤을 담가두면 껍질이 잘
까지는 효과도 있지만, 덜 여문 것
이나 벌레 먹은 것들이 올라오기도
해요. 잘 살펴가면서 골라내 주세
요.

1. 소금물에 밤을 약 30분간 담가요.
나중에 밤 껍질이 조금 더 잘
까져요.

2. 냄비에 밤을 넣고, 밤이 잠길
정도만 물을 채워요. 뚜껑 닫고 약
20분간 중불에서 끓여요.

3. 뚜껑을 연 뒤 중약불에서 약 10분
정도 더 삶아요. 다 삶아지면
찬물에 헹궈요.

4. 반으로 갈라서 밤의 속을 파내요.

5. 아이 목에 걸리지 않을 크기로
듬성듬성 칼로 자르며 부숩니다.

6. 요 정도 입자감입니다. 저도 밤
좋아하는데 크게 한입 먹고싶네요!

7. 큐브에 소분해 냉동 보관해요.

콩나물

아삭아삭 식감이 좋고 섬유질도 풍부한 콩나물! 사랑이는 콩나물을 정말 좋아하고 잘 먹어요. 콩나물도 '잘' 데치는 법이 있어요. 콩나물무침을 정말 맛있게 하는 전문점 사장님께 배운 비법을 여기서 공개할게요. 이유식 할 때 놓치기 쉬운 '맛'을 잡으면, 아기가 더 잘 먹어요.

영양소

☑ **식이섬유** │ 소화를 촉진하고 변비를 예방해요.

☑ **비타민 C, K** │ 면역을 강화하고, 혈액 응고를 도와요.

☑ **미네랄** │ 칼륨, 마그네슘, 아연 등이 풍부해 면역을 강화해요.

재료

- 콩나물 200g
  (머리, 꼬리 손질 후 150g)

완성

- 30ml 큐브 5개

·············· tip ··············

콩나물을 처음 사랑이에게 줄 때는 머리, 꼬리 다 떼고 손질해 주었는데요. 아기가 특별한 알레르기 반응 없이 잘 먹으면, 차츰 머리와 꼬리 포함해서 잘라만 줘도 돼요. 콩나물 콩에 있는 단백질도 온전히 섭취할 수 있으니까요.

1. 콩나물을 찬물에 담갔다가 흐르는 물에 잘 헹궈요.

2. 콩나물의 머리와 꼬리를 모두 따요. 작업하는 동안은 무념무상!

3. 짠, 단순 노동 끝의 기쁨!

4. 끓는 물에 손질한 콩나물을 넣고, 물이 확 끓어 오를 때까지 기다려요. 바로 지금이에요!

5. 뒤지개로 그대로 콩나물을 통째로 들어 뒤집어요.

6. 다시 한번 더 확 끓어오르면, 바로 콩나물을 꺼내 냉수 마찰해줘요. 아삭함이 배로 살아나요.

7. 초퍼에 다지거나 칼로 잘라요. 입자감은 점차 키워주세요.

8. 큐브에 소분해 냉동 보관해요.

연근

건강한 뿌리채소의 대표주자 연근은 호불호가 강한 식재료예요. 하지만 영양만큼은 최고! 연근을 자르면 끈끈한 진액이 손에 묻어나는데요. 이게 바로 '뮤신'이라고 하는 성분이에요. 위벽을 보호하고 위장 질환을 완화하는 데 효과가 있어요. 사랑이는 연근을 먹고 살짝 알레르기가 올라왔는데, 금세 괜찮아졌어요. 되도록 새로운 재료를 먹일 때는 오전에 제공하고, 세심히 반응을 관찰해 주세요.

영양소

☑ **비타민 B, C** │ 비타민 B1, B2, B6, C가 풍부해요.

☑ **미네랄** │ 칼슘, 철분, 마그네슘, 셀레늄 등이 들었어요.

☑ **식이섬유** │ 소화를 촉진하고 장 건강을 유지해요.

재료

• 연근 200g
(껍질 제거 후 170g)

완성

• 30ml 큐브 7개

(**tip**)

연근의 아삭한 식감은 아이가 싫어
하기 쉬워요. 그래서 찌는 방식보다
삶은 방식이 더 나을 수 있어요. 호
불호 있는 채소일수록 더 적극적으
로 방법을 찾아 먹이다 보면, 편식
없이 잘 먹는 아이가 되어 있을 거예
요!

1. 감자칼로 연근 껍질을 제거해요.

2. 연근 구멍 안에 있는 불순물은
   젓가락을 이용해서 **빼네요.**

3. 익히기 좋은 크기로 연근을
   슬라이스해요.

4. 끓는 물에 30분간 삶아요.
   이때 연근의 갈변 현상과 아린
   맛을 방지하기 위해 식초를 1큰술
   넣었어요.

5. 초퍼에 넣고 다져요. 중간중간 끊어
   다지며 입자감을 조절해요.

6. 후기라 이 정도 입자감으로
   다졌어요.

7. 큐브에 소분해 냉동 보관해요.

후기

부추

다소 향과 맛이 강한 편이라 이유식 토핑으로 고민스러울 수도 있는데요. 적응해 두면 입맛 돋우는 데 이만한 재료가 없어요. 부추를 단독으로 먹이기 무리가 있다면, 계란찜이나 닭고기 등에 곁들여 보세요. 저는 계란찜 할 때 소량 다져 넣어 처음 사랑이에게 줬는데, 향긋한 부추 향이 좋았는지 아주 맛있게 먹어주었어요.

영양소

- ☑ **비타민 A, C** | 눈 건강, 피로 회복, 면역 강화, 감염 예방에 좋아요.
- ☑ **비타민 K** | 혈액 순환, 빈혈 예방, 혈액 응고, 뼈 건강을 도와요.
- ☑ **식이섬유** | 소화를 돕고 설사 개선에 효과가 있어요.

재료

• 부추 50g

완성

• 15ml 큐브 4~5개
  (양을 다 채우지 않고 소량씩
  소분)

.... tip ....

부추는 한방에서 특히 주목한 식재
료예요. 『동의보감』에서는 부추를
'간의 채소'라고 하며 간 기능 강화
에 대해 강조했어요. 『본초강목』에
서는 '천식을 다스리고, 어독을 풀
며, 식은땀을 그치게 한다'고 했고,
『본초비요』에서는 '간장의 채소이
다. 심장에 좋고, 위와 신장을 보하
며, 폐의 기운을 돕고, 담을 제거하
며, 혈증을 다스린다'고 했어요. 따
뜻한 성질이 있어 아기 변이 무를 때
도 효과가 좋습니다.

.... pick ....

선명한 녹색을 띠고, 잎 끝이 마르지 않
은 걸 골라주세요. 줄기가 굵지 않고, 탄
력이 있다면 신선한 이유식 재료로 적합
해요.

1. 식초를 1~2큰술 탄 찬물에 부추를
   담갔다가 흐르는 물에 헹궈요.
   상처가 나면 쌉쌀한 맛이 강해질
   수 있으니 주의!

2. 깨끗이 씻은 부추의 뿌리 부분을
   2~3cm 잘라 제거해요.

3. 부추를 3~5mm 단위로 총총
   잘라주세요. 익히고 나서 자르면
   질겨져서 잘 썰리지 않아요.

4. 실리콘용기에 부추를 담고, 찜기에
   약 10분간 쪄요.

5. 자, 부추가 익어서 숨이 죽었어요.

6. 입자감은 요렇습니다. 큐브를
   사용하되 양을 채우지 않고 조금씩
   소분해 냉동 보관해요.

병아리콩

모양이 병아리 머리를 닮아 '병아리콩'이라 이름 붙었어요. 계란보다 단백질 함량이 높은데, 콜레스테롤은 함유돼 있지 않아 아주 건강한 식물성 단백질을 섭취할 수 있어요. 잘 불려서 익힌 병아리콩은 비린내 없이 밤처럼 고소해요. 영양 듬뿍 병아리콩, 아기에게 꼭 맛보여 주자고요.

영양소

- ☑ **식물성 단백질** | 아기의 성장과 근육 발달을 도와요.
- ☑ **불포화 지방산** | 세포막 형성에 중요한 역할을 해요.
- ☑ **미네랄** | 칼슘, 철분, 마그네슘, 아연, 셀레늄이 함유돼 있어요.

・병아리콩
(불린 후 240g)

완성

・30ml 큐브 16개

1. 병아리콩을 6시간 이상 물에
   불려요.

2. 병아리콩이 푹 잠길 정도로
   물을 붓고 약 30분 이상 삶아요.
   중간중간 거품을 걷어주세요.

tip

병아리콩은 조리 전 장시간 물에 불
려야 하는데, 무더운 여름 날씨에
실온에 오래 두면 상할 수 있어요.
냉장고에서 불리는 게 안전해요. 전
날 밤에 냉장고 안에서 불려 놓으면
다음 날 조리하기 편해요.

3. 냄비에서 건져 냉수 마찰해 준 후
   초퍼에 다져요. 후기지만 알알이
   칼로 자르기 어려워서 초퍼를
   사용했어요.

4. 요 정도 입자감으로 다졌습니다.

5. 큐브에 소분해 냉동 보관해요.

후기

근대

근대는 맛이나 향이 강한 편이 아니라 다양한 한식 재료와 잘 어울려요. 특히 된장과 궁합이 좋고, 나물로도 무치고, 쌈채소로 먹기도 해요. 잎채소라 부피가 확 줄기 때문에 신선한 근대가 있다면 넉넉히 큐브 만들어 두세요. 두루두루 활용하기 좋아요.

영양소

☑ **비타민 A, C, K** | 눈 건강, 혈액 건강, 뼈 발달을 도와요.

☑ **필수 아미노산** | 아기 발육과 면역력 증진에 효과적이에요.

☑ **식이섬유** | 소화를 촉진하고 변비를 예방해요.

재료

- 근대 200g
  (줄기 제거 후 160g)

완성

- 30ml 큐브 6개

1. 근대 줄기를 V자 모양으로 잘라내고, 잎만 남겨요.

2. 끓는 물에 약 1~2분간 데쳐요.

tip

근대와 시금치는 궁합이 좋지 않아요. 근대와 시금치에는 옥살산이라는 성분이 함유돼 있는데, 두 가지를 함께 섭취하면 너무 많은 양을 먹게 되기 때문이에요. 반면, 근대와 궁합이 좋은 재료도 많습니다. 닭고기, 소고기 등 육류와 잘 어울리고, 양파, 버섯, 토마토, 병아리콩, 아보카도, 계란 등과의 궁합도 괜찮습니다.

3. 건져낸 근대를 냉수 마찰 후 물기를 꼭 짜줘요.

4. 아기가 먹기 좋은 크기로 다져요. 후기라 초퍼를 쓰지 않고, 칼로 다졌어요.

pick

근대는 잎이 큰 것보다 작은 것을 고르세요. 확실히 부드러워서 이유식 하기 편해요. 잎이 짙은 녹색을 띠고 광택이 나면 신선도가 좋은 것이랍니다.

5. 요 정도 입자감으로 제공했어요.

6. 큐브에 소분해 냉동 보관해요.

후기

파프리카

외모가 비슷한 피망보다 단맛이 훨씬 강한 파프리카! 그럼에도 처음엔 거부하는 아기가 많은 호불호 강한 식재료예요. 아마도 향이 강하고 식감도 아삭거려서 그런가 봐요. 하지만 비타민 C가 시금치의 5배라니! 조금이라도 더 먹이기 위해 노력해 봐야죠. 한 번에 많은 양을 제공하기보다 조금씩 주면서 천천히 적응시켜 주세요.

영양소

- ☑ **비타민 A, B, C** | 눈 건강, 뇌 발달, 피부 건강, 면역 강화를 도와요.
- ☑ **카로티노이드** | 신진 대사를 촉진하고, 항염증 효과를 가져요.
- ☑ **식이섬유** | 소화를 촉진하고 장 건강을 유지해요.

- 파프리카 1개 200g
  (꼭지와 씨 제거 후 170g)

완성

- 30ml 큐브 5개

파프리카는 꼭지가 단단하고, 발색이 뚜렷한 게 좋아요. 또 주름 없이 매끈하며, 윤기가 흐르는 것을 골라주세요.

1. 와우, 신선한 파프리카로 시작해 볼까요?

2. 파프리카를 반으로 갈라 꼭지와 씨를 제거해요.

3. 찜기에 파프리카를 올려 약 10분간 쪄요.

4. 파프리카의 껍질을 벗겨요. 푹 익지 않으면 잘 벗겨지지 않아요.

5. 아기가 먹기 좋은 크기로 잘라요. 초퍼를 쓰지 않고 칼로 잘랐어요.

6. 후기 막바지라 요 정도 입자감으로 했어요.

7. 큐브에 소분해 냉동 보관해요.

베이비건강야채범벅

중기 때 간식으로 주었던 양파당근수프에 표고버섯을 추가한 메뉴예요. 한 가지 재료가 더 들어간 것뿐인
데, 풍미가 깊어지고 맛이 달라져요. 식빵을 굽거나 크루통을 만들어 곁들여도 그만이랍니다.

NO EGG

재료

- 양파 100g
- 당근 100g
- (말린) 표고버섯 15g
- 육수나 채수 3큰술

완성

- 약 3~4회 분량

1. 양파, 당근, 표고버섯을 적당한 크기로 잘라 20분간 쪄요. 젓가락이 푹 들어갈 정도로 부드럽게 익으면 OK!

2. 한 김 식힌 후 초퍼에 넣고 갈아요. 이때 육수나 채수를 3큰술 넣어요.

tip 1

생표고버섯을 사용해도 되지만, 말린 표고버섯을 넣으면 풍미와 향이 더 강하게 살아나요. 말린 표고버섯은 깨끗이 세척해 물에 약 10~15분 이상 불린 후에 사용해요.

3. 잘 갈린 야채범벅을 볼에 담아 아기에게 제공해요. 남은 분량은 냉동 보관해요.

tip 2

육수나 채수를 끓일 때 사용한 당근과 양파, 버섯을 건져 범벅으로 만들면 일석이조예요. 육수 낸 야채를 버리지 않아서 좋고, 따로 찌는 과정 없이 바로 범벅을 만들 수 있어 또 좋고! 아주 간단하게 영양 간식을 만들 수 있어요.

굿모닝브로콜리수프

브로콜리로 빠르게 만들 수 있는 영양 수프예요. 물로 만들면 아주 곱고 부드러운 식감, 분유로 만들면 담백하고 크리미한 리조토 느낌이에요. 컵에 담아줬더니 사랑이가 호로록 마시기까지 해서 웃었어요. 돌이 지나면 분유 대신 우유로 만들어주세요.

NO EGG

재료

- 브로콜리 80g
- 분유나 물 40ml
- 쌀가루 2g
- 아기치즈 1장
- 파슬리 한 꼬집

완성

- 약 1~2회 분량

1. 브로콜리는 꼼꼼한 세척이 필수! 구석구석 깨끗이 씻어 손질한 후 찜기에 약 15~20분간 익혀요.

2. 한 김 식힌 브로콜리를 초퍼에 넣어요. 쌀가루를 비롯해 물 또는 분유도 함께 넣어 갈아요.

3. 갈아진 재료를 냄비에 붓고 약불에 끓이기 시작해요.

4. 타지 않게 약 3분간 잘 저어가며 끓여요.

tip

식빵이나 사과와 함께 제공해도 잘 어울려요.

5. 완성된 수프를 볼에 담고, 파슬리도 솔솔 뿌려요. 김이 있을 때 아기치즈를 그대로 올려요.

6. 치즈를 더 녹이고 싶다면, 실리콘 뚜껑을 닫아 전자레인지에 30초 정도 돌리면 완성입니다.

건강가득 단호박케이크

최소한의 재료와 최소한 시간으로 만드는 건강 케이크! 단호박을 안 먹는 아기에게도 이 케이크의 고소한
맛과 부드러운 식감은 엄청난 유혹일 거예요.

재료

- 단호박 1개
- 계란 2개
- 아기요거트 1큰술

완성

- 약 1~2회 분량

tip

초기 때는 단호박의 껍질과 씨를 모두 제거했는데요. 후기 때는 씨만 제거하고 껍질은 살려 조리했어요. 단, 껍질을 더 깨끗이 세척해 주세요. 껍질 포함 여부는 아기의 질감 적응도에 따라 선택해요.

1. 단호박을 4등분해 씨 제거 후 전자레인지용 실리콘용기에 담아요. 실리콘 뚜껑 덮고 3~4분간 익혀요.

2. 잘 익은 단호박을 포크나 매셔로 으깨요.

3. 계란을 넣고 함께 섞어요. 섞을수록 반죽이 묽어져요.

4. 아기요거트를 추가해 줍니다. 요거트 덕에 깊고 매력적인 맛이 완성돼요.

5. 실리콘 뚜껑을 덮어 전자레인지에 3~4분 돌려요. 전자레인지마다 화력이 다르니 중간중간 확인해 주세요.

6. 용기를 거꾸로 엎어서 잘 익은 케이크를 빼내요.

7. 한 김 식힌 후 아기가 먹기 좋은 크기로 잘라요. 완성입니다!

후기

딜리셔스 바나나팬케이크

후다닥 간식이나 브런치 메뉴를 만들어야 할 때 '강추'하는 레시피! 바나나의 부드러운 식감은 살리고, 시나 몬 향으로 감칠맛을 올려 맛의 조화를 찾았어요. 사랑이가 바나나를 단독으로 먹을 때 반응이 별로였는데, 이 메뉴는 굉장히 맛있게 많이 먹어줬어요. 요리하다 보면 이미 냄새가 달콤해 엄마도 저절로 손이 가는 마 성의 팬케이크랍니다.

재료

- 바나나 1개
- 계란 1개
- 쌀가루 25g
- 시나몬파우더 2g

완성

- 약 1~2회 분량

tip

멜론, 딸기, 아보카도 등의 과일이나 우유와 함께 제공하면, 근사한 브런치 완성입니다.

1. 잘 익은 바나나의 껍질을 벗긴 후, 양 끝을 제거하고 3~4등분으로 잘라요.

2. 바나나를 볼에 담고 계란, 쌀가루, 시나몬파우더까지 모두 넣어요.

3. 포크로 으깨가며 잘 섞어줘요. 금세 반죽이 묽어질 거예요.

4. 짠, 팬케이크 반죽 완성!

5. 달군 팬에 오일을 소량 두르고, 숟가락을 이용해 원형 팬케이크 모양으로 반죽을 올려요.

6. 중약불로 타지 않게 구워요. 계란과 쌀가루가 들어가 완전히 잘 익혀야 해요. 앞뒤 노릇하게 구워지면 완성입니다.

유니크 두부바나나바게트

두근두근 땅콩 알레르기 테스트를 마치고, 땅콩버터에 곁들일 메뉴를 고안하다가 두부와 바나나가 극적으로 만났어요. 그리고 이름에 걸맞게 유니크하게! 아기들이 좋아하는 '떡뻥'을 첨가해 바사삭 새로운 식감을 느낄 수 있어요.

NO EGG

재료

- 바나나 1/2개
- 두부 60g
- 쌀가루 40g
- 땅콩버터 5g
- 뜨거운 물 4ml

완성

- 약 1회 분량

·········· tip ··········

땅콩 역시 계란 만큼이나 긴장할 만한 재료인데요. 요즘엔 오히려 알레르기 테스트가 늦어지는 걸 권장하지 않아요. 사랑이는 중기에 땅콩 테스트를 했고, 지속적으로 먹여서 잘 적응시켰어요. 땅콩버터는 땅콩 100%의 제품을 사용하면 돼요.

1. 두부의 물기를 쫙 빼요. 손으로 짜도 좋고, 면보를 이용해도 좋아요.

2. 두부와 바나나, 쌀가루를 볼에 담아 포크나 매셔로 으깨며 잘 섞어요.

3. 잘 섞인 반죽을 손으로 치대며 뭉쳐요.

4. 에어프라이어 트레이에 반죽을 직사각형 모양으로 빚어 올리고, 손가락으로 가운데 홈을 파요.

5. 아기가 좋아하는 떡뻥 쌀과자를 비닐팩에 넣고, 단단한 컵으로 부숴요.

6. 반죽 가운데 홈에 떡뻥 가루를 조금씩 넣어요. 너무 많이 넣으면, 반죽을 오므릴 때 터질 수 있으니 주의!

7. 떡뻥을 넣은 부분의 반죽을 잘 모아 오므려요.

8. 에어프라이어 170도 5분, 다시 뒤집어서 160도에 3분 구우면 요렇게 노릇한 바게트 완성!

9. 구워지는 사이 땅콩버터에 뜨거운 물을 부어 살짝 흐르는 농도로 '찍먹' 소스를 만들어요. 바게트를 찍어 먹으면 환상 궁합!

고구마애플스쿱

고구마와 요거트의 조합만으로 이런 쫀득한 식감이 가능하다니! 거기에 사과퓨레를 올려 달콤한 타르트 같은 느낌을 냈어요. 엄마도 계속 집어 먹게 되는 마성의 간식입니다.

NO EGG

재료

- 고구마 80g
- 아기요거트 20g
- 사과퓨레 30g
- 오일 스프레이

완성

- 1~2회 분량

 tip

에어프라이어에 구운 후 실온에서 20~30분 이상 충분히 식혀야 쫀득하고 단단한 식감이 만들어져요. 만약 사과퓨레가 없다면, 생략하고 이대로 먹어도 충분히 맛있어요.

1. 익힌 고구마의 껍질을 벗겨 아기요거트와 함께 잘 섞어 반죽을 만들어요.

2. 트레이에 오일 스프레이를 뿌리고, 숟가락을 활용해 반죽을 동그란 모양으로 떼어내 트레이 위에 나열해요.

3. 작은 숟가락으로 반죽을 눌러 안쪽에 홈을 만들고 에어프라이어에 160도 10분, 그리고 170도 2~3분 구워요.

4. 실온에 20~30분 충분히 식힌 후, 옴폭한 홈에 사과퓨레를 듬뿍 담아주면 완성입니다.

PART 5

완료기·
유아식

만 12개월~

for
over 12 months
baby

1. 완료기·유아식 차이와 시기

완료기 이유식을 거칠까? 바로 유아식으로 들어갈까?

아기가 돌이 지나면 한 번쯤 할 법한 고민이에요. 일반적으로 완료기는 '만 12개월부터', 유아식은 '만 16개월부터' 정도로 봐요. 사실 완료기와 유아식 식단이 큰 차이를 가진 건 아니에요. '밥+반찬+국'의 형태가 기본인 건 동일해요. 다만 완료기를 거친다는 것은 진밥을 좀 더 먹인다는 의미예요.

결국 돌이 지난 시점부터 '진밥이냐? 맨밥이냐?'를 고민하는 것과 같은데요. 이론상으로는 아직 맨밥을 먹기엔 소화에 무리일 수 있어 완료기 시기에 진밥을 좀 더 먹이는 게 좋다고 해요. 하지만 이런 고민도 사실 저에겐 큰 의미가 없었어요. 후기부터 시작된 '밥태기'가 지속돼 사랑이가 밥을 잘 먹지 않았거든요. 정보를 수집하며 돌 즈음에 밥태기가 오는 경우가 많고, 진밥을 싫어하는 아기도 꽤 많다는 걸 알게 됐어요. 만약 진밥을 싫어하는 게 아기가 안 먹는 이유라면, 차츰 맨밥을 시도해도 좋다고 생각해요. 단, 된밥이 되지 않게 물 양을 넉넉하게 잘 조절해 주세요.

2. 완료기·유아식 횟수와 시간

어른과 동일하게 1일 3회 식사를 해요. 아침, 점심, 저녁 세 끼가 원칙이에요. 끼니 사이에 오전 간식, 오후 간식을 제공했어요. 보통 어린이집이나 유치원에서도 오전 11시, 오후 3시경에 각각 오전 간식, 오후 간식을 제공해요. 간식은 감자, 고구마, 건강빵 등을 1회, 과일, 우유, 유제품 등을 1회 이상 주는 것을 권해요. 잠들기 1시간 전부터는 음식 섭취를 권하지 않아요.

* 완료기·유아식 하루 시간표 *

오전		오후			
9시	11시	1시	3시	6시	8시
아침 식사	오전 간식	점심 식사	오후 간식	저녁 식사	간식 또는 수유

3. 완료기·유아식 한 끼 양

한 끼에 총 130~190ml를 기준으로 삼았어요. 밥과 반찬을 더한 총량입니다. 완료기라고 해서 먹는 양이 크게 증가하지 않아요. 물 양이 줄기 때문이에요. 역시 기준보다 조금 덜 먹기도 하고, 더 먹기도 했어요. 고기를 포함한 단백질은 하루 60~80g 먹이면 돼요. 채소는 익힌 채소 기준으로 하루 120~150g을 권장합니다. 이 시기의 수유는 400~500ml가 기준이에요. 이제 식사가 주식이 됩니다.

4. 완료기·유아식 요리

완료기·유아식의 기본은 '밥+반찬+국'인데요. 저는 사실 국 식사를 지향하지 않아요. 국 섭취를 기본으로 하게 되면, 아무래도 나트륨 함량이 높아지기도 하고요. 평소 국에 밥을 말아 먹는 습관도 건강에 이롭다고 생각하지 않아요.

많은 재료에 대한 알레르기 테스트가 끝난 돌 무렵부터는 사랑이가 맛있게 먹을 수 있는 한 그릇 요리, 볶음, 조림, 건강빵 등을 만들기 시작했어요. 중기, 후기 때도 간식으로 만들긴 했지만, 완료기 이후에는 대부분의 육류, 채소, 과일, 견과류 등이 가능해 좀 더 자유롭게 아기 요리를 할 수 있게 되었어요. 이 시기부터는 식단표를 짜기보다 그때그때 마련한 신선한 재료로 요리해 주었어요.

단, 좋은 재료로 맛있게 해주되 아직은 푹 익히고 잘게 썰어주는 건 필요해요. 여전히 아기 메뉴는 어른의 메뉴와 완전히 같을 수 없어요. 또 밥을 안 먹는 시기에는 계속해서 '밥 + 반찬'을 고집하기보다 조금 다양한 시도를 해보는 것도 좋아요. 볶음밥, 카레 등으로 밥을 맛있게! 팝콘치킨, 아기불고기 등으로 고기를 맛있게! 토마토계란볶음, 시금치스크램블 등으로 채소를 맛있게! 저는 이 시기에 삼시세끼 다양하게 시도하며 맛있고 건강한 아기 요리 레시피를 개발했답니다.

5. 완료기·유아식 간

아기가 돌이 지나면 조금씩 간을 해도 되는데요. 최대한 늦게 간을 시작하기를 권장합니다. 특히 저는 소금은 거의 쓰지 않으려고 했어요. 하지만 아기가 잘 먹지 않으면, 간을 해서라도 먹이고 싶어지죠. 실제로 간을 하면 아기가 좀 더 잘 먹기도 해요.

저는 아기용으로 나온 시판 된장, 간장 등을 아주 소량씩 사용하기 시작했어요. 단맛은 아가베시럽으로 냈고요. 중기 때부터 내기 시작한 육수나 채수도 자주 사용했어요. 다시마, 마늘 등 좀 더 다양한 재료를 더해 풍부한 육수 맛을 낼 수 있어요.

6. 완료기·유아식 식습관

아기의 숟가락질이 서툴더라도 혼자서 먹을 수 있게 계속해서 차분하게 지켜봐 주세요. 훈련을 거듭해 18~24개월 정도가 되면, 제법 자연스럽게 스스로 먹는 방법을 터득하게 될 거예요. 또 빨대컵이 아닌 일반 컵으로 우유나 물을 마시는 연습을 시작해 보세요.

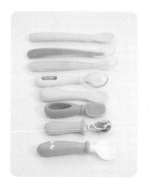

시금치토마토
프리타타김밥

시금치와 토마토, 계란이 만난 이탈리아식 오믈렛 프리타타. 채소의 아삭한 식감은 부드러운 계란 안에 쏙
감추고, 김밥 안에 돌돌 말아 간편하고 먹음직스러운 한 끼 완성입니다.

재료

- **김밥 속 재료**
  시금치 15g
  토마토 15g
  계란 1개

- **김밥 밥 재료**
  밥 70g
  참기름 1작은술
  깨소금 1작은술
  아기간장 1/2작은술
  꼬마김밥용 김 2~3장

- 오일 소량

완성

- 꼬마김밥 2~3줄, 약 1끼 분량

tip 1

김밥을 말 때는 유산지나 랩으로 꼼꼼히 누르며 말아줘요. 김의 끝 부분에는 물이나 밥풀을 묻히면 잘 붙어요.

tip 2

아기 김밥은 되도록 만들자마자 바로 제공해 주세요. 김밥은 만든 후 시간이 지나면 밥의 수분이 날아가고 김이 말라 아기가 목으로 넘길 때 켁켁거릴 수 있거든요. 주의해 주세요!

1. 토마토는 십자 칼집 내서 끓는 물에 데친 후 찬물 샤워해 껍질을 벗겨 준비합니다.

2. 준비한 토마토를 초퍼에 넣고, 깨끗이 씻은 시금치도 찢어 넣어요. 계란도 넣어 모두 함께 갈아주세요. 간을 하는 아가라면 이때 소금 한 꼬집을 넣어줘도 좋아요.

3. 팬에 열을 살짝 올린 후, 오일을 소량 두르고 준비한 계란 믹스를 넣어요.

4. 약불에서 타지 않게 양면을 연하고 부드럽게 익혀줍니다. 이대로 반찬으로 제공해도 좋지만, 김밥 속 재료로 사용할게요.

5. 볼에 밥을 담고 아기간장, 참기름, 깨소금을 넣고 잘 섞어요.

6. 랩이나 유산지 위에 김을 올리고 밥을 아주 얇게 편 후 1.5cm 너비로 자른 지단을 2층으로 올려 김밥을 말아요.

7. 스푼 뒷면이나 장갑 낀 손으로 참기름을 묻혀 김에 바릅니다.

8. 한입에 쏙 들어가도록 얇게 썰어주면 완성입니다.

토마토양파부추볶음밥

영양 가득 토마토로 볶음밥을 만들어도 맛있다는 사실! 양파와 부추도 충분히 잘 볶으면, 매운맛이 나지 않고 풍미가 깊어져요.

재료

- 토마토 40g
- 양파 20g
- 부추 20g
- 계란 1개
- 밥 80g
- 오일 소량
- 마늘 3g
- 물 5ml

완성

- 1끼 분량

tip 1

계란 알레르기가 있다면, 계란 지단은 빼고 만들어도 돼요. 계란 흰자 알레르기가 있는 아기라면, 삶은 계란의 노른자만 분리해 플레이크를 만들어 올려도 맛있어요!

tip 2

아기가 평소 먹는 양에 따라 밥 양을 조절해 주시고, 재료도 비율에 맞춰 조금씩 가감해 주세요.

1. 예쁜 노란색 계란 지단을 만들어 놓아요. 팬에 오일을 소량 두르고, 계란물을 부어 약불에서 천천히 익혀요.

2. 토마토를 끓는 물에 2~3분간 데친 후 껍질을 벗겨 초퍼에 갈아요.

3. 양파와 부추를 잘게 다져요.

4. 팬에 오일을 소량 두르고, 다진 마늘을 올려 향을 내요.

5. 마늘이 노릇해지면 양파를 넣고 볶아요.

6. 양파 색이 어느 정도 투명해지면 물을 5ml만 부어준 후, 더 투명하게 볶아요.

7. 물기가 사라지면 부추를 넣고 약 1~2분 더 '볶볶'!

8. 이제 밥을 넣고 재료를 잘 섞어가며 볶아요.

9. 갈아놓은 토마토를 부어주고 수분이 졸아들 때까지 볶아주면 완성!

10. 만들어 놓은 계란 지단을 올려 마무리해요. 계란 알레르기가 있는 경우, 생략해도 돼요.

후루룩뚝딱 게살볶음밥

밥·면

게살과 계란이 만나 보들보들 야들야들 엄마·아빠가 먹어도 맛있는 레시피예요. 조리 과정이 워낙 간단해
후루룩 3분 안에 뚝딱, 사랑이도 한 그릇 뚝딱!

재료

- 밥 80g
- 계란 1개
- 게살 30g
- 오일 소량
- 아기치즈 1장

완성

- 1끼 분량

1. 팬에 오일을 소량 두른 후 밥을 약 3~4분간 볶아요.

2. 밥이 볶아졌을 때 계란과 게살을 풀어요.

3. 젓가락으로 잘 섞어가며 계란을 완전히 익혀요. 간을 하는 아기라면, 이때 소금과 후추를 약간만 뿌려요.

4. 아기 그릇에 옮긴 뒤 아기치즈를 한 장 올려요. 치즈에 예쁜 모양을 내도 좋아요!

브로콜리새우된장볶음밥

새우와 브로콜리는 이미 보장된 조합인데, 익숙하지 않은 새로운 맛을 내고 싶었어요. 아기된장을 아주 조금 첨가했을 뿐인데… 어머나! 감칠맛이 엄청난 한 끼 메뉴 탄생입니다.

NO EGG

- 브로콜리 30g
- 새우 30g
- 밥 80g
- 아기된장 1/3작은술
- 다진 마늘 1작은술(소스용)
- 다진 마늘 1/2작은술(볶음용)
- 참기름 1작은술
- 깨 1작은술
- 물 2큰술
- 오일 소량

완성

- 1끼 분량

·········· tip ··········

밥 양은 아기에 따라 조절해 주세요.
아기된장은 많이 넣지 않도록 양 조
절 주의! 아기된장이라도 순식간에
짜질 수 있어요.

1. 아기된장, 다진 마늘, 으깬 깨,
   참기름을 물 2큰술에 잘 섞어
   양념장을 준비해요.

2. 미리 익혀둔 브로콜리와
   해동한 새우를 먹기 좋게
   다져요.

3. 달군 팬에 오일을 소량
   두르고 다진 마늘을 넣어
   향을 올려요. 중약불로 타지
   않게 주의!

4. 마늘이 노릇해지면 새우를
   넣어 볶아요.

5. 투명한 새우 색이 하얗게
   익어가면, 브로콜리를 넣고
   중약불에 2분 더 볶아요.

6. 밥을 넣어 재료와 함께
   볶아요.

7. 만들어둔 양념장을 골고루
   뿌려 잘 섞어요.

8. 약불에 1~2분 정도 볶음밥을
   얇게 펴서 그대로 두면, 밥에
   양념이 더 잘 스며요. 자, 이제
   완성입니다!

리얼베이비
소고기우엉카레

후쿠오카를 여행하면서 우엉을 다양하게 활용한 메뉴를 맛보고, 머릿속 전구가 반짝! '아기 카레에 우엉을 넣으면 달달함도 배가 되고, 영양도 가득하겠다'! 한국에 오자마자 만들어봤는데, 사랑이가 남김없이 싹싹 먹어줘서 정말 기뻤어요. 건강 가득, 영양 가득한 베이비 카레 뚝딱 만들어보세요.

NO EGG

- 우엉 25g
- 소고기 30g
- 다시육수 (혹은 물) 130ml
- 카레가루 3g
- 오일 소량
- 밥 80g

완성

- 약 1~2회 분량

이왕이면 카레 만들기 전에 다시육수를 만들어놓아요. 물 250ml, 다시마 2g를 최소 10분 이상 끓이면 다시육수 완성입니다! 정 시간이 없다면 육수 대신 물을 부어 끓여도 소고기가 들어가 맛이 괜찮아요.

1. 우엉 껍질을 감자칼로 벗기고, 칼로 듬성듬성 잘라요.

2. 느타리버섯과 우엉을 초퍼에 넣고 잘게 다져요.

3. 소고기는 입자감을 약간 살리기 위해 칼로 다질게요.

4. 달군 팬에 오일을 아주 소량 두르고, 우엉과 느타리버섯을 볶아요. 우엉의 달달한 향이 올라올 거예요. 잠시 약불에 둡니다.

5. 소고기를 함께 넣고 볶아요. 소고기는 금방 익어서 먼저 우엉과 느타리버섯을 익힌 후에 넣은 거예요.

6. 소고기가 거의 익어서 색이 갈색으로 변하면, 다시육수나 물을 부어요.

7. 팔팔 끓기 시작하면, 카레가루를 넣어요.

8. 10분 이상 뭉근하게 끓여줍니다. 요런 질감이 나오면 완성! 밥 위에 얹어주세요.

현미당근영양밥

엄청 간단한데 당근이 부드럽게 익어 섭취하기 좋고, 익힌 당근이라 영양가도 높아요. 냉장하면 3일까지,
냉동하면 2주까지 두고 먹을 수 있으니 간편하게 영양밥 제공해 주세요.

NO EGG

・쌀 120g(불린 후 160g)
・현미 30g(불린 후 40g)
・물 200g
・당근 반 개

완성

・약 5~6끼 분량

tip

아기 한 끼 양만큼 소분 후 냉동해 두면, 언제든 영양 만점 밥을 해동해 먹일 수 있어요.

1. 쌀과 현미를 물에 30분 이상 불려줍니다.

2. 당근을 1cm 크기로 잘라주세요.

3. 불린 쌀과 현미, 물을 밥솥에 넣은 후 당근을 맨 위에 올려요.

4. 잡곡밥 모드로 돌리면 영양 만점 당근밥 완성입니다.

새콤달콤
닭고기토마토비빔국수

식욕 떨어질 때 상큼한 음식 먹으면 입맛이 확 돋잖아요. 그래 주길 바라는 엄마 마음으로 만든 토마토 베이스의 비빔국수예요. 양파가 단맛을 내주어 아기를 위한 새콤달콤 별미로 아주 좋습니다!

NO EGG

재료

- 닭고기 30g
- 토마토 15g
- 양파 30g
- 닭육수 50g
- 소면 25g
- 오일 소량

완성

- 1끼 분량

tip 1

소면과 소스를 별도로 조리해 소면 위에 소스를 부어도 돼요. 두 가지 모두 해보았는데, 팬에 졸여주는 게 조금 더 맛있더라고요. 아무래도 소면에 맛이 배니까요!

tip 2

소면의 양은 평소 아기가 먹는 양에 따라 적절히 가감해 주세요.

1. 소면을 약 3~5분 삶은 후 찬물에 식혀요.

2. 달군 팬에 오일을 소량 두르고 닭고기 큐브를 올려요. 만들어둔 큐브가 없다면, 다진 닭고기를 넣고 충분히 볶아도 돼요.

3. 다진 양파와 익힌 토마토를 차례로 넣어 약 2~3분간 볶아요.

4. 준비한 닭고기 육수를 부어 약 2~3분간 약불에 졸여요.

5. 육수가 자작하게 졸아들면 팬에 소면을 넣어요. 간을 하는 아기라면, 이때 소금을 한 꼬집 넣어요.

6. 소면과 소스를 잘 섞어 마무리해요. 넓적한 용기에 덜어 한 김 식힌 후 아기에게 제공해요.

베이비크림우동

고소한 우유와 오동통한 면발의 만남! 깊고 깊은 맛의 크림우동이 아기 버전의 레시피로 재탄생했어요. 가장 맛있는 황금비율입니다.

NO EGG

재료

- 우동면 80g
- 소고기 30g
- 브로콜리 25g
- 양파 20g
- 우유 50ml
- 물 40ml
- 아기치즈 1장
- 오일 소량

완성

- 우동 1끼 분량

······· **tip 1** ·······

제품에 따라 우동 면을 익히는 시간이 다를 수 있어요. 제품의 조리법을 참고해 면을 완전히 익혀주세요. 우동의 양은 평소 아기가 먹는 양에 따라 적절히 가감해 주세요.

······· **tip 2** ·······

집에 양송이가 있다면, 소고기 넣을 때 함께 넣어 볶아주세요. 양송이의 깊은 풍미가 배가돼요.

1. 끓는 물에 우동 면을 약 2~3분간 익힌 후 찬물에 냉수 마찰해둬요.

2. 소고기, 브로콜리, 양파를 아이가 먹기 편한 크기로 다져요.

3. 달군 팬에 오일을 소량 두르고 양파를 넣고 볶다가 투명해지면, 소고기도 넣고 볶아요.

4. 소고기가 익으면 우유와 물을 넣어 끓여요. 이때 우유는 확 끓어오를 수 있으므로 주의!

5. 소스가 자작하게 졸아들면, 브로콜리를 넣고 약 2~3분 익혀요.

6. 치즈를 넣어 녹이면 맛있는 크림 소스 완성!

7. 우동 면을 넣고 약 1~2분 더 끓여 마무리해요. 한 김 식혀 아기에게 제공해요.

완료기 유아식

밥·면

베이비카레우동

일식에서는 느타리버섯을 참 많이 사용해요. 소고기와 궁합이 좋고, 카레와 만나도 잘 어울려요. 베이비카레우동은 깊은 풍미는 기본, 영양 균형도 신경 썼어요. 버섯과 육류의 단백질, 면의 탄수화물, 채소의 섬유질과 비타민까지 골고루 섭취해요.

NO EGG

재료

- 느타리버섯 20g
- 소고기 35g
- 브로콜리 20g
- 육수 (혹은 물) 120ml
- 우동면 70g
- 카레가루 3g
- 오일 소량

완성

- 1끼 분량

······ tip ······

우동면의 양은 평소 아기가 먹는 양
에 따라 적절히 가감해 주세요.

1. 소고기와 브로콜리,
   느타리버섯을 다져서
   준비해요.

2. 달군 팬에 오일을 소량
   두르고 버섯, 브로콜리,
   소고기 순으로 볶아요.

3. 소고기 겉면이 갈색으로 익을
   때까지 볶아주세요.

4. 볶은 재료 위에 육수나 물을
   부어요.

5. 카레가루를 넣고 잘
   풀어줘요.

6. 약 8~10분간 중약불로
   끓여가며 졸여요. 재료가
   눌어붙지 않게 스패출러로
   저어요.

7. 소스가 자작하게 졸아들면,
   우동면을 넣고 약 1~2분
   약불에 더 끓여요. 소스가
   묵직해지면 아기 그릇에 옮겨
   담아요.

시금치순삭 스크램블

시금치는 특유의 식감과 향 때문에 아기에게 호불호가 나뉘는 식재료예요. 영양이 풍부해서 자주 먹이고 싶은데, 잘 안 된다면 이렇게 한번 만들어 보세요. 새우 덕분에 간을 하지 않아도 충분히 맛있어요. 어느덧 '순삭' 메뉴 등극입니다!

- 시금치(줄기 제거 후) 20g
- 새우 3마리
  (작은 새우는 4마리)
- 계란 1개
- 우유 10g
- 오일 소량

완성

- 1회 분량

tip

새우를 식감 있게 제공하고 싶다면, 초퍼에 함께 갈지 말고 따로 빼두세요. 시금치와 계란, 우유를 초퍼에 간 후에, 칼로 다진 새우를 퐁당 넣어 섞으면 돼요.

1. 시금치의 줄기를 떼 내고, 잎 위주로 손질해요. 줄기의 식감 때문에 아기가 안 먹을 수 있어요.

2. 초퍼에 시금치, 새우, 계란 그리고 우유까지 넣고 함께 갈아요.

3. 달군 팬에 오일을 소량 두르고 계란물을 부어요. 중약불에 잠깐 그대로 둡니다. 강불은 안 돼요.

4. 테두리부터 조금씩 익어가는 재료를 스패출러로 저어가며 섞어요.

5. 계란이 익으면서 조금씩 덩어리감이 생겨요. 약불로 줄여주고 계란을 완전히 익히면 완성! 밥이나 구운 식빵과 함께 곁들이기 좋아요.

부추송송 스크램블

바쁜 아침에 부추만 있다면 3분 안에 뚝딱 만드는 초간단 스크램블! 재료도 과정도 너무 심플한데, 우리 몸
에 좋은 부추가 송송 박혀 영양까지 챙길 수 있는 메뉴예요.

재료

- 부추 15g
- 계란 1개
- 우유 (혹은 육수) 5ml
- 오일 소량
- 참기름 소량

완성

- 1회 분량

tip 1

아기에게 제공할 때는 항상 한 김 식혀야 해요. 어른에게 괜찮은 온도도 아기는 뜨겁게 느낄 수 있어요.

tip 2

간을 하는 아기라면 계란물을 풀 때 소금을 한 꼬집만 넣어요.

1. 깨끗이 손질한 부추를 3mm 너비로 송송 썰어요.

2. 계란과 부추를 동그란 볼에 담아요. 이때 우유나 육수를 추가해요. 식감이 더 부드러워져요.

3. 계란과 부추를 부드럽게 풀어가며 잘 섞어줘요.

4. 달군 팬에 오일을 소량 두르고 계란물을 부어요.

5. 스패출러로 골고루 저어가며 익혀요. 계란이 노릇하게 다 익으면 완성이에요. 참기름을 소량 뿌려 고소함을 올려요.

271

토마토양파 계란볶음

바쁜 아침, 엄마와 아기가 함께 만들어 먹을 수 있는 최고의 메뉴예요. 토마토와 양파, 계란의 궁합은 반박의 여지가 없을 정도예요. 밥에 올리면 덮밥, 빵을 구워 곁들이면 브런치 메뉴! 덕분에 상큼하고 고소하고 달달한 하루를 시작할 수 있어요.

완성

- 1회 분량

·········· tip 1 ··········

간을 하는 아기라면 계란을 깬 후 소금을 한 꼬집만 뿌려요.

·········· tip 2 ··········

잘 먹지 않는 아기들은 아삭거리는 식감에 특히 예민할 수 있어요. 양파가 아삭하지 않게 충분히 볶아주는 것 잊지 마세요. 아기가 한 입이라도 더 먹게 하려면 이런 소소한 노력들이 끊임없이 필요한 것 같아요.

1. 끓는 물에 데친 토마토와 껍질 벗긴 양파를 아기가 먹기 좋은 크기로 잘라요.

2. 달군 팬에 오일을 소량 두르고, 양파가 투명해질 때까지 볶아요.

3. 양파가 투명하고 부드러워지면, 토마토를 넣고 볶아요.

4. 토마토에 양파 향이 입혀지고 약간 흐물거릴 때, 계란을 그 위에 그대로 깨요.

5. 곧바로 스패출러로 동그라미를 그리며 계란을 풀어요. 재료들과도 잘 섞어줍니다.

6. 파슬리 한 꼬집 톡톡! 영양 가득한 아기 메뉴 완성입니다.

달달한 양파볶음

언뜻 매울 것 같지만, 익히면 매운맛이 날아가고 달콤한 맛이 남는 양파! 맛있게 볶은 양파는 입에서 부드럽게 녹아요. 게다가 피를 맑게 해주고 혈액순환을 돕는 좋은 성분으로 꽉 차 있어요. 어떤 재료와도 잘 어울리고, 자주 손이 가는 만능 영양 반찬입니다.

NO EGG

재료

- 양파 40g
- 물 10ml

완성

- 1회 분량

tip

정말 쉽고 든든한 메뉴! 급하게 반찬
을 만들어야 할 때 너무 추천합니다.

1. 양파를 약 1cm 크기로 깍둑썰기
해요.

2. 달군 팬에 오일을 소량 두르고,
양파를 넣어 볶아요. 타지 않게
중약불로 잘 저어가며 익혀요.

3. 양파가 어느 정도 투명해지면
물을 10ml 넣어요.

4. 물이 졸아들 때까지 양파를 볶아요.
간을 하는 아기라면 소금, 후추를
한 꼬집만 뿌려 마무리해요.

청포묵무침

탱글탱글 청포묵은 젤리 같은 식감 때문에 아기들이 좋아하는 반찬이에요. 사랑이가 처음 맛보고는 발목을
뱅글뱅글 돌려가며 뚝딱 해치운 메뉴입니다.

NO EGG

재료

- 청포묵 300g(1팩)
- 들기름 5g
- 아기간장 2g(1팩)
- 아기김 약간
- 깨 약간

완성

- 약 4~5회 분량

·········· (**tip 1**) ··········

양념은 꼭 들기름→간장 순서로 넣어주세요. 들기름 코팅 후에 간장을 넣어야 잘 섞여요. 간장→들기름 순서로 넣으면, 간이 뭉치고 골고루 배지 않아요.

·········· (**tip 2**) ··········

아기김과 깨는 먹기 직전에 뿌려서 제공하는 게 좋아요. 바로 낼 것만 깨를 빻아 올려야 고소함이 배가 되어요. 아기김 역시 바로 부숴서 올려야 눅눅해지지 않아요.

1. 약 1cm 두께로 썬 청포묵을 냄비 물에서 익혀요. 묵을 썰지 않고 통째로 익히면 오래 걸려요.

2. 끓는 물에 약 3분간 데치면 하얀 묵이 투명해져요. 완전히 투명해지면 건져내요.

3. 건져낸 청포묵을 찬물에 1분 담가서 식혀요.

4. 물기를 털어내고 1cm 정사각 크기로 잘라요.

5. 동그란 볼에 담고 들기름을 넣어요. 전체적으로 묵이 들기름 코팅이 돼요.

6. 아기간장을 넣고, 스패츌러로 뒤적거리며 잘 섞어요.

7. 반찬으로 낼 양만큼만 깨와 김을 뿌리고, 나머지는 냉장 보관해요. 사랑이는 약 70g씩 제공했어요.

생애 첫
메추리알조림

뚝딱 만들어서 냉장고에 넣어두면 엄마 마음이 든든해요. 자주 손이 가는 데다가 활용할 수 있는 아기 메뉴
도 많아서 매번 품절되는 반찬입니다.

- 깐 메추리알 270g(1팩)
- 물 500ml
- 표고버섯 3g
- 아기간장 2큰술
- 아가베시럽 1/2큰술
- 다시마 2g
- 깨 약간

- 약 4~5끼 분량

아기간장을 사용한 레시피로 메추리알조림 특유의 진한 갈색이 나오기 어려워요. 흐릿한 색이 나오는 게 당연하니 안심하세요.

1. 물 500ml에 표고버섯, 아기간장, 아가베시럽, 다시마를 넣고 양념간장을 만들어요. 깐 메추리알도 준비해요.

2. 양념간장이 든 냄비에 깐 메추리알을 모두 담고, 중약불로 30분 이상 잔잔히 끓여요.

3. 모두 끓으면 불을 끈 상태로 뚜껑을 덮고 30분 이상 두세요. 메추리알에 양념이 더 풍부하게 스며요.

4. 반찬통에 옮겨 담고 냉장 보관해요. 아기에게 제공할 때 깨 빻아 뿌려주면 고소한 냄새 솔솔!

호다닥 아기불고기

요즘 과일값이 너무 올라서 '배 없이 호다닥 만들 수 있는 아기불고기는 없을까?' 고민하다가 사과와 양파를 베이스로 만든 레시피예요. 간단한 재료로 단맛, 감칠맛 다 끌어올린 기특한 메뉴입니다.

NO EGG

- 소고기 100g
  (불고기용 혹은 샤브샤브용)
- 사과 25g
- 양파 50g
- 아기간장 1.5작은술
- 물 2큰술

- 약 3~4회 분량

1. 소고기를 아기의 한입 크기로
   잘라요.

2. 사과와 양파를 1cm 크기로 잘라요.

3. 달군 팬에 기름을 소량 두르고
   사과와 양파를 볶아요.

4. 재료가 노릇해지면 소고기를 넣고
   함께 볶아요. 타지 않게 중약불로!

5. 모든 재료가 잘 익으면 아기간장과
   물을 섞은 양념을 골고루 뿌려요.
   양념이 잘 스며들게 약 1~2분 더
   볶아주면 완성입니다.

한돌유아기

구운팝콘치킨

저는 학창시절에 반장이 쏘던 '콜팝' 맛을 잊지 못해요. 한입에 쏙 들어가는 '겉바속촉' 팝콘치킨과 목이 멜 때 쭉 들이켜던 콜라의 조합! 그 추억을 떠올리며 만들었어요. 역시 아기 입에 쏙 들어가는 작은 크기가 포인트예요.

NO EGG

재료

- 닭고기(안심) 160g
- 양파 35g
- 아몬드가루 2g
- 밀가루 10g
- 빵가루 15g
- 우유 약간
- 일회용 짤주머니
- 오일 스프레이

완성

- 팝콘치킨 25~30개
  (약 3~4회 분량)

.... tip ....

'아몬드가루 2g+밀가루 10g+빵가루 15g'는 '쌀가루 35g'으로 대체 가능해요. 혹시 아기가 알레르기가 있거나 아직 테스트하지 않았다면, 안전한 쌀가루로 조리해 주세요. 또 짤주머니가 없다면 스푼을 이용해 모양을 잡아도 돼요. 완성된 팝콘치킨은 약 1~2주간 냉동 보관 가능해요.

1. 닭 안심의 힘줄과 근막을 제거해요.
   (닭 안심 힘줄 제거법 p.093 참고)

2. 손질한 닭 안심을 약 20분간 우유에 담가 잡내를 제거해요.

3. 닭 안심, 양파, 아몬드가루, 밀가루, 빵가루를 모두 초퍼에 넣고 곱게 다져요. 간을 하는 아기라면 이때 소금, 후추를 한 꼬집 넣어요.

4. 잘 섞인 되직한 반죽을 짤주머니에 옮겨 담아요.

5. 에어프라이어 트레이에 오일을 소량 뿌리고, 약 1.5cm 크기로 동그랗게 반죽을 짜요. 에어프라이어 160도 약 10~13분 돌려주세요!

6. 두둥! 구운팝콘치킨 완성입니다. 반으로 갈라 닭고기가 잘 익었는지 확인 후, 덜 익었다면 2~3분 더 추가로 돌려요.

후기유아기 · 완료기

283

베이비숍 식빵가루

냉장고에 잠자고 있는 식빵이 있다면, 당장 꺼내서 빵가루로 만들어 보세요. 냉동했다가 갈아내기만 하면
훌륭한 빵가루가 돼요. 야채든 고기든 빵가루에 묻혀서 구워내면, 근사한 아기 요리가 됩니다.

재료

• 식빵

완성

• 빵가루

⋯⋯⋯⋯ (**tip**) ⋯⋯⋯⋯

쌀식빵을 사용하면 더 안심돼요. 쌀
식빵으로 만든 가루는 '쌀빵가루'가
된답니다!

1. 식빵을 냉동실에 6시간 이상
   얼렸다 꺼내요. 갈기 좋게
   잘라줍니다.

2. 초퍼에 넣고 곱게 갈아요. 한꺼번에
   식빵 2장은 안 들어가서, 1장씩
   갈았어요.

3. 어머나, 벌써 완성입니다! 순식간에
   수제 빵가루가 탄생했어요. 크로켓,
   돈가스 등에 활용하면 유용해요.

베이비수제돈가스

돈가스 하면 왠지 어려울 것 같지만, 생각보다 쉽게 집에서 맛있는 아기돈가스를 완성할 수 있어요. 특히나
'베이비습식빵가루'를 만들어 놓았다면, '베이비수제돈가스'를 안 먹고 넘어갈 수는 없죠! 계란, 쌀가루, 빵가
루까지 원 트레이에 담아 후다닥 돈가스 만들어봐요.

재료

- 돼지고기 안심 100g
- 계란 2개
- 쌀가루(혹은 밀가루) 30~40g
- 빵가루 70~80g

완성

- 약 2~3회 분량

tip 1

굽기 전에 1회 분량인 2~3개를 제외하고, 나머지를 냉동 보관해도 돼요. 약 1~2주간 냉동실에 두면서 요긴하고 든든하게 반찬으로 활용해보세요.

tip 2

고기를 넉넉하게 사서 엄마, 아빠 몫까지 2배합, 3배합으로 만들어도 돼요. 이때 어른용은 1번 순서에서 소금, 후추를 적당히 뿌리면 됩니다.

1. 돼지고기를 칼등으로 두들겨 육질을 부드럽게 해요. 간을 하는 아기라면 이때 소금, 후추를 살짝 뿌려요.

2. 4등분 된 돼지고기를 반으로 잘라 총 8등분 할게요. 사랑이는 작게 먹는 걸 좋아해요. 아기 취향에 맞게 잘라주세요.

3. 넓은 트레이에 계란, 쌀가루, 빵가루를 잘 구분해 풀어요. 설거지 거리가 많이 나오지 않게 원 트레이에 담을게요.

4. 고기에 쌀가루→계란→빵가루를 순서대로 묻혀요. 먼저 쌀가루를 묻힐게요.

5. 다음으로 계란에 푹 적셔요.

6. 빵가루도 골고루 묻혀요.

7. 자, 돈가스 구울 준비 완료!

8. 달군 팬에 오일을 소량 두르고 돈가스를 노릇하게 구워요. 중약불에서 타지 않게 불 조절을 잘해주세요.

9. 이대로 끝내도 되지만, 에어프라이어에 160도 5분 한 번 더 구워주세요. 기름은 더 빠지고, 바삭해지는 마법! 한 김 식혀 커팅하면 '바삭' 소리부터 즐거워요.

베이비치즈돈가스

담백한 돼지고기와 고소한 치즈의 만남, 어른들도 좋아하는데 아기들은 오죽할까요! 오늘 저녁 특식은 단연코 '치돈' 베이비 버전입니다.

재료

- 돼지고기 안심 100g
- 아기치즈 1장
- 계란 1개
- 쌀가루(혹은 밀가루) 25g
- 빵가루 50g

완성

- 치즈돈가스 4덩이
  (약 2회 분량)

·········· tip ··········

치즈돈가스를 팬에 굽기 시작할 때
온도 체크를 꼭 해주세요. 오일에 빵
가루를 하나 똑 떨어뜨렸을 때, 바로
올라오면 적정한 온도입니다. 너무
낮은 온도에서 굽기 시작하면 눅눅
한 식감이 돼요.

1. 돼지고기를 고기망치나
   숟가락으로 두들겨서
   아주 얇게 펴요. 간을 하는
   아기라면 소금, 후추를 살짝
   뿌려 밑간을 해요.

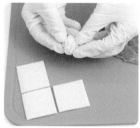

2. 장갑을 끼고 치즈를 4등분한
   후 동그랗게 뭉쳐 말아요.

3. 얇게 편 고기 가운데 치즈를
   놓고 동그랗게 감싸요.

4. 고기가 만나는 부분을 꼭꼭
   눌러 잘 닫아가며 동그란
   형태를 잡아요. 4개 모두
   동일하게 해요.

5. 고기 덩이에 쌀가루→계란→
   빵가루를 순서대로 묻혀요.
   먼저 쌀가루를 묻힐게요.

6. 다음으로 계란에 푹 적셔요.

7. 빵가루도 골고루 묻혀요.

8. 달군 팬에 오일을 소량
   두르고 치즈돈가스를
   중약불에 구워요. 타지 않게
   불 조절을 잘해요.

9. 동그란 형태여서 조금씩
   뒤집어가며 잘 구워요.

10. 에어프라이어에 160도
    5분간 한 번 더 구워요.
    속까지 잘 익고, 겉은
    바삭해져요.

매직열정 닭다리

닭고기를 좋아하지 않는 아기라도 마법처럼 먹어줄 메뉴입니다. 조리 과정이 결코 간단하지 않고 시간이
오래 걸리기도 해서 열정 없이는 하기 어려운 레시피인데요. 고생한 보람이 느껴질 만큼, 사랑이가 손으로
잡고 열심히 뜯어 먹어준 메뉴예요. 히든카드 특식으로 준비했어요!

NO EGG

재료

- 닭다리 2개
- 토마토 100g
- 양파 75g
- 물 40ml
- 다진 마늘 5g
  (소스용 3g, 마늘버터용 2g)
- 버터 10g
- 오일 소량
- 파슬리가루 1꼬집

완성

- 1끼 분량

tip 1

조리 과정이 만만치 않은 메뉴라 아기가 정말 안 먹을 때 도전해 주세요.

tip 2

아직 닭다리를 쥐고 뜯기 어려운 아기라면, 엄마가 장갑을 끼고 먹기 좋게 잘 뜯어주세요.

1. 닭다리에 칼집을 내서 우유에 20분간 푹 담가 잡내를 제거해요.

2. 끓는 물에 닭다리를 약 4~5분간 데쳐요. 물에 데친 후 구워야 속이 훨씬 더 촉촉해요.

3. 닭다리를 트레이에 옮겨 에어프라이어 160~170도에 20분 익혀요. 아기에게 주는 고기는 완전히 익혀야 해요.

4. 닭이 익는 사이에 소스를 만들게요. 달군 팬에 오일을 소량 두르고 다진 마늘 3g을 넣어 향을 내요.

5. 팬에 양파를 넣고 마늘 향을 입혀가며 투명해질 때까지 볶다가, 토마토도 넣어 함께 볶아요.

6. 소스 재료를 한 김 식힌 후 초퍼에 옮겨 담고, 물 40ml를 부어 함께 갈아요. 토마토소스 완성!

7. 달군 팬에 오일을 소량 두르고 닭다리를 올려요. 이미 구워졌지만, 소스 맛을 입히는 과정이에요.

8. 만들어둔 토마토소스를 닭다리 위에 부어요. 일반적인 소스보다 좀 걸쭉하게 느껴져요. 잘하고 계신 거예요!

9. 숟가락을 이용해 계속 소스를 닭고기 위에 부어가며 약 6~7분간 졸여요. 이때 중약불을 사용해 주세요.

10. 마늘 2g, 버터 10g을 소스볼에 담아 전자레인지에 30초 돌린 마늘버터를 바르고, 2분 더 졸여요.

11. 그릇에 옮겨 담아 파슬리 가루 솔솔 뿌려주면 완벽한 마무리!

토마토스튜

영양소가 골고루, 든든히 들어있는 뜨끈하고 맛있는 스튜입니다. 다양한 식감과 여러 색감의 채소가 풍성해서 아기가 질감 높이기 연습을 하기에도 좋아요. 주말 점심 든든한 한 끼로 추천해요.

NO EGG

재료

- 완숙 토마토 200g
- 소고기 90g
- 감자 100g
- 당근 50g
- 양파 65g
- 사과 25g
- 샐러리 10g
- 파슬리가루 5g
- 오일 1큰술
- 닭고기 육수 300ml

완성

- 약 4~5끼 분량

···········(tip 1)···········

소고기 부위는 우둔, 설도, 안심 등 기름기 적은 부위면 되는데요. 저는 입자가 커지는 걸 감안해 좀 더 연한 안심을 썼어요. 또 양송이버섯을 2개 정도 추가해도 맛있어요. 샐러리는 생략하기보다 꼭 넣기를 추천해요. 모든 재료가 어우러졌을 때 매력적인 끝맛을 완성해줘요. 입자감은 아기의 씹는 힘에 따라 조절해주세요.

···········(tip 2)···········

감자가 부서지는 걸 방지하려면, 소금을 1작은술 넣은 찬물에 약 10분 담갔다 조리하면 확실히 덜 부서져요.

1. 소고기, 감자, 당근, 양파, 사과를 약 1cm 크기로 잘라요. 샐러리는 향이 강할 수 있으니 5mm 크기로 작게 잘라요.

2. 끓는 물에 2분간 데쳐 껍질을 벗긴 토마토를 초퍼에 넣어요. 사과도 함께 넣고 갈아 걸쭉한 소스를 만들어요.

3. 올리브오일 1큰술을 팬에 두르고 양파, 당근, 샐러리를 넣어요. 아삭한 식감이 사라질 때까지 중약불에 볶아요.

4. 팬에 소고기를 추가해 바닥의 양파 자국들을 스패출러로 밀어가며 볶아요. 소고기의 풍미가 올라갈 거예요.

5. 재료를 볶은 팬에 닭고기 육수를 부어요.

6. 육수가 한 번 보글보글 끓으면 감자를 넣어요. 감자를 나중에 넣어야 덜 뭉개져요.

7. 갈아놓은 토마토사과소스를 붓고, 뚜껑 덮고 약불로 30~40분 끓여요. 중간중간 바닥에 달라붙지 않게 잘 저어요.

8. 모든 재료가 다 익으면 뚜껑을 덮고 불을 끈 상태로 30분~1시간 그대로 두어요. 양념이 재료에 잔잔하고 깊이 스며들 거예요.

9. 파슬리가루를 뿌리면 엄마의 사랑과 정성, 그리고 영양이 가득 담긴 스튜 완성입니다. 1회 먹을 분량을 제외하고 나머지는 냉동 보관해요.

스위트그린브레드

뽀빠이의 힘! 건강의 상징! 초록초록한 시금치가 촘촘히 박힌 빵이에요. 땅콩 알레르기 테스트 이후에도 지속적으로 땅콩버터를 넣은 요리를 해주었어요. 땅콩버터는 무염버터나 그릭요거트로 대체 가능해요.

NO EGG

재료

- 시금치 25g
- 바나나 1개
- 오트밀 35g
- 우유 30ml
- 땅콩버터 10g
- 아가베시럽 2g(선택)

완성

- 약 1~2회 분량

tip

만드는 과정은 정말 간단한데 영양이 가득한 메뉴예요.

1. 손질한 시금치, 바나나, 오트밀, 땅콩버터, 우유를 초퍼에 넣고 갈아요. 선택 사항인 아가베시럽도 원한다면 이때 넣어요.

2. 반죽을 전자레인지용 실리콘 용기에 부어요.

3. 실리콘 뚜껑을 닫고 전자레인지에 3~4분 돌려요. 전자레인지 화력이 조건별로 다를 수 있어요. 수시로 확인해요.

4. 용기를 뒤집어 빵을 빼낸 후 한 김 식혀요. 아기가 먹기 좋은 크기로 잘라주면 완성!

영유아 · 유아식

리얼프렌치토스트

흔한 메뉴일 수 있는데, 작은 디테일만 챙겨도 퀄리티가 확 달라져요. 포인트는 시나몬파우더와 곁들임 과일! 시나몬파우더를 넣고, 안 넣고의 차이가 아주 커요. 또 딸기, 블루베리, 바나나, 망고 등과 곁들여 먹는 맛이 일품이에요. 이 메뉴 하나면 엄마표 레스토랑에서 엄마표 홈카페가 됩니다. 동지들도 같이 오픈해요!

- 식빵 1장
- 계란 1개
- 시나몬파우더 4g
- 우유 40g
- 딸기 1알
- 블루베리 6알
- 오일 소량

완성

- 1회 분량

········· tip ·········

우유를 꼭 함께 제공해 주세요. 토스트와 함께 먹으면 입에서 살살 녹아요!

1. 식빵을 6등분으로 잘라요

2. 볼에 우유, 계란, 시나몬파우더를 넣고 잘 풀어줘요. 간을 하는 아기라면 소금을 한 꼬집 넣어요.

3. 식빵을 푹 담가 계란물에 샤워시켜요. 속까지 촉촉해지도록요.

4. 달군 팬에 오일을 소량 두르고, 노릇하게 구워요. 계란이 완전히 익어야 해요.

5. 블루베리와 딸기를 곁들여 주세요. 빵과 잘 어울리고, 색도 너무 예뻐요.

사과배소보로푸딩빵

사과퓨레, 배퓨레에 착안해서 상큼하고 달달한 무설탕 푸딩빵을 만들었어요. 과일의 천연 당분이 충분한 데다 촉촉하고 부드러워 아기들이 좋아할 수밖에 없는 맛이에요.

NO EGG

재료

- 사과 100g
- 배 100g
- 오트밀 50g
- 우유 50g

완성

- 약 2~3회 분량

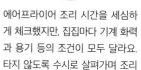

tip

에어프라이어 조리 시간을 세심하게 체크했지만, 집집마다 기계 화력과 용기 등의 조건이 모두 달라요. 타지 않도록 수시로 살펴가며 조리해 주세요.

1. 사과와 배를 깍둑썰기로 듬성듬성 조각 내요.

2. 조각 낸 사과와 배를 초퍼에 담고 오트밀, 우유까지 모두 넣어요. 입자감이 작아지도록 갈아줍니다.

3. 실리콘틀 혹은 오븐용기에 반죽을 붓고, 에어프라이어에 150도 15~20분 구워요.

4. 잘 구워진 소보로푸딩빵을 한 김 식혀 아기에게 제공해요.

고구마라떼케이크

고구마와 우유의 고소한 만남이 건강빵으로 재탄생했어요. 사과와 함께 먹으면 잘 어울리고, 소화에도 도움
이 돼요.

- 고구마 60g
- 우유 20g
- 통밀가루 10g
- 계란 1개

완성

- 1회 분량

tip

전자레인지에 조리할 때 타지 않도록 수시로 살펴주세요.

1. 전자레인지용 실리콘용기에 고구마와 물 15ml를 담아 익혀요.

2. 익은 고구마를 그대로 포크나 매셔로 으깨요.

3. 으깬 고구마에 우유, 계란, 통밀가루를 넣어 잘 섞어요.

4. 뚜껑을 닫아 전자레인지에 1분 돌리고, 1분 추가, 마지막으로 30초 이렇게 나누어 돌려요. 총 2분 30초예요.

5. 잘 익은 고구마라떼케이크의 자태!

6. 용기를 탕탕탕 쳐서 용기와 케이크 사이에 공기를 넣어주고, 휙 뒤집어요. 케이크 착지 성공!

7. 한 김 식혀 아기가 먹기 좋게 8~10등분으로 잘라요. 맛있고 건강한 케이크, 아기에게 제공해 주세요!

숨어라 당근옥수수빵

당근과 옥수수, 그 어느 쪽을 싫어하든 빵 속에 꽁꽁 숨어서 도무지 흔적을 찾기 어려워요. 당근의 단맛과
옥수수의 고소한 맛만 남아 있을 뿐! 편식하는 아기에게 영양 가득 든든한 한 끼가 되어줄 거예요.

재료

- 당근 100g
- 옥수수 70g
- 쌀가루 50g
- 계란 2개

완성

- 약 1~2회 분량

tip

엄마랑 함께 먹어도 좋을 분량이에요. 단, 작은 용기를 사용하면 속까지 덜 익을 수 있어요. 넉넉한 용기에 반죽을 넓게 펴서 익혀주세요.

1. 당근을 손질해 초퍼에 갈기 좋은 크기로 썰고, 찜기에 한 차례 쪄낸 옥수수의 알을 떼서 준비해요.

2. 당근과 옥수수알, 쌀가루, 계란을 모두 초퍼에 넣고 갈아요.

3. 잘 갈아진 반죽을 오븐용기에 부어줍니다.

4. 에어프라이어 170도에서 15분 구워주면 완성입니다! 기계 화력과 용기 등의 조건이 다를 수 있어요. 타지 않도록 수시로 살펴가며 조리해 주세요.

바밤빵

제철 밤으로 만들 수 있는 세상 쉬운 레시피! 재료가 심플한데 맛은 정말 훌륭해요. 아기 취향 저격은 물론이고, 엄마까지 집어먹게 만듭니다.

NO EGG

재료

- 밤(껍질 제거 후) 55g
- 우유 50g
- 쌀가루 15g

완성

- 1회 분량

tip

익힐 때 반죽을 최대한 넓고 고르게 펴주세요. 불룩하게 올라오거나 삐죽 튀어나온 부분이 탈 수 있어요. 에어프라이어에 구울 때 타지 않도록 수시로 살펴가며 조리해 주세요.

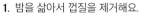

1. 밤을 삶아서 껍질을 제거해요.

2. 밤과 우유, 쌀가루를 모두 초퍼에 넣고 갈아요.

3. 반죽을 오븐용기에 붓고, 에어프라이어에 170도 15분 구워요. 추가로 150도 5분 더 구워요.

4. 모두 구워진 후 에어프라이어 안에서 5분 정도 더 뜸을 들이면, 완성입니다!

영유아 · 한 끼 식사

볼통통 요거트도넛

사랑이에게 밥을 대신할 건강 도넛을 만들어 주고 싶어 계발한 메뉴! 그릭요거트와 계란이 주재료라서 단백질이 풍부하고, 탄수화물까지 겸비해 한 끼 식사로 충분해요.

재료

- 그릭요거트 100g
- 밀가루 40g
- 계란 1개
- 오일 스프레이
- 시나몬파우더 소량(선택)

완성

- 1회 분량

.... **tip 1** ....

'볼통통' 귀요미 도넛에 아보카도까지 곁들이면, 맛도 영양도 최고랍니다.

.... **tip 2** ....

도넛 모양이 뚜렷하게 잡히길 원하면 베이킹파우더를 1/4작은술 추가해도 좋아요.

1. 볼에 그릭요거트와 밀가루를 넣고 잘 섞어 반죽을 만들어요.

2. 장갑을 끼고 반죽을 치댄 후 작게 뭉쳐 7~8개 덩어리로 만들어요. 하나씩 구멍을 내서 도넛 모양을 만들어요.

3. 계란을 풀어 계란물에 도넛을 넣었다 빼요.

4. 트레이에 오일 스프레이를 뿌린 후 에어프라이어에 180도 10분간 구워요.

5. 구워진 도넛을 식힘망에 옮겨 식혀요. 마지막으로 시나몬파우더 톡톡! 뿌리면 완성입니다.

고구마깨찰스틱

깨가 쏟아지는 쫀득쫀득 고소하고 달콤한 간식입니다. 설탕을 넣지 않고도 고구마의 단맛으로 아기 입맛을
충분히 사로잡을 수 있어요.

NO EGG

········· tip ·········

아기 먹이는데 엄마도 침이 꼴깍! 2배수의 분량으로 만들어 엄마도 같이 즐겨보세요! 설탕 1도 들어가지 않은, 맛 좋은 영양 간식입니다.

1. 익힌 고구마와 찹쌀가루, 검은깨를 볼에 담아요.

2. 고구마 덩어리가 없어질 때까지 손으로 꾹꾹 누르고 치대며 반죽을 만들어요.

3. 자, 동그랗게 반죽이 잘 뭉쳐졌지요? 준비 완료!

4. 트레이에 오일 스프레이를 뿌리고, 2~3cm 길이의 쁘띠 빼빼로처럼 길쭉한 모양으로 반죽을 빚어요.

5. 에어프라이어에 170도 12분 구워주면 맛있는 깨찰스틱 완성! 한 김 식힌 후 바로 먹어도 맛있고, 30분 식힌 후 먹으면 더 쫀득한 식감이 돼요.

호두바나나 라이스쿠키

두뇌 발달에 좋은 호두와 소화를 돕는 바나나의 만남. 사랑이 주려고 만들 때마다 절반은 제가 먹어서 절제
가 필요할 정도랍니다.

NO EGG

- 호두 25g
- 바나나 1개
- 쌀가루 30g
- 오일 스프레이

완성

- 약 23~25개, 1~2회 분량

············ tip ············

생호두는 살짝 온기가 느껴지는 미지근한 물에 10분 이내로 담가 전처리를 합니다. 꺼낸 호두를 잠시 그릇에 담아 물기를 말려주세요!

1. 호두를 약 2mm 크기로 잘게 다져요. 다지면서 나오는 가루들까지 다 넣진 마세요. 쓴맛이 날 수 있어요.

2. 볼에 바나나를 담고 장갑 낀 손으로 덩어리가 사라질 때까지 뭉개며 으깨요.

3. 바나나가 담긴 볼에 쌀가루, 호두를 추가해 넣어요.

4. 자, 세 가지 재료를 사정없이 섞어볼게요!

5. 반죽이 완성되었어요. 요 정도의 질감입니다.

6. 트레이에 오일 스프레이를 뿌리고, 약 2cm의 홈런볼 크기로 반죽을 만들어 나란히 올려 놓아요.

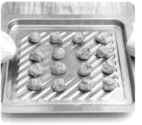

7. 에어프라이어에 160도 10분간 구우면 영양 간식 완성입니다! 실온에서 10분 정도 식힌 후 먹으면 더 맛있어요.

고구마라이스쿠키

쫀쫀하고 촉촉한 식감의 고구마쌀쿠키입니다. 입이 심심할 때 자꾸만 손이 가는 사랑짱 최애 쿠키예요.

NO EGG

재료

- 고구마 100g
- 그릭요거트 30g
- 쌀가루 15g
- 우유 10ml
- 아가베시럽 3g(선택)

완성

- 약 18~20개, 1~2회 분량

tip

우유나 스무디와 함께 제공해 주세요.

1. 익힌 고구마와 그릭요거트, 쌀가루, 우유를 볼에 넣고 섞어요. 단맛을 원한다면 선택 사항인 아가베시럽도 이때 넣어주세요.

2. 장갑 낀 손으로 재료를 잘 섞어가며, 고구마 덩어리가 사라질 때까지 치대며 반죽해요.

3. 반죽이 잘 되면 김밥 모양으로 동그랗게 말고, 양끝을 손으로 다듬어요.

4. 아기가 먹기 좋은 크기로 좀 더 길쭉한 모양이 되게 손으로 누르며 앞뒤로 굴려요.

5. 반죽을 유산지에 그대로 감아서 겉을 싸줘요.

6. 유산지 끝은 이렇게 오므려 줍니다. 이대로 냉동실에 30분 이상 굳히며 숙성해요.

7. 반죽을 실온에 꺼내 약 1cm 두께로 잘라요.

8. 에어프라이어 160도 10분 구워주면 완성입니다.

블루베리 데일리스무디

세계 10대 슈퍼푸드, 청아한 보랏빛의 블루베리! 강력한 항산화 물질인 안토시아닌이 포도의 무려 30배나 들어있대요. 이 블루베리스무디는 여러 차례 수정에 수정을 거듭해 황금비율의 맛을 찾아낸 레시피라고 감히 자신해요! 진심 눈이 번쩍 뜨이는 맛입니다. 아기랑 같이, 육아 동지들과, 혹은 가족들과 함께 꼭 즐겨요!

NO EGG

재료

- 냉동 블루베리 100g
- 우유 250ml
- 얼음 65g
- 아가베시럽 10g

완성

- 약 2~3잔

꿀은 반드시 돌 지난 후에 먹여야 해요. 사랑이는 400일 이후부터 먹었어요.

1. 우유, 아가베시럽, 얼음 순으로 믹서에 넣어요.

1. 마지막으로 블루베리를 넣고 믹서에 갈면 블루베리스무디 완성! 예쁜 컵에 옮겨 담아 시원하게 마셔요.

베이비딸기샤베트

아기에게 시판 아이스크림을 먹일 수 없어서 만든 수제 샤베트입니다! 전자레인지로 순식간에 만들어내는 고급스러운 맛의 레시피예요. 딸기 좋아하는 사랑이가 너무 좋아하고 잘 먹는 천연 아이스크림이랍니다.

NO EGG

- 딸기 100g
- 아가베시럽 15g
- 레몬즙 3g

완성

- 30ml 큐브 3개

tip 1

전자레인지 화력이 강하다면, 더 짧은 텀으로 끊어가며 돌려주세요. 딸기시럽이 끓어 넘칠 수 있어요.

tip 2

2배합으로 만들어 넉넉히 얼려도 좋아요. 2배합으로 만들 경우 딸기 200g, 아가베시럽 25g, 레몬즙 4g으로 해주세요. 전자레인지에 익히는 시간은 30초씩 끊어서 6번, 총 3분간 돌려주세요!

1. 딸기를 칼로 잘라주세요. 익으면서 뭉개질 거라 덩어리가 너무 크지 않게만 자르면 돼요.

2. 전자레인지용 실리콘용기에 딸기를 넣고, 아가베시럽과 레몬즙도 넣어요.

3. 전자레인지에 30초씩 끊어 2번 돌려요. 총 1분을 한 번에 돌리면, 딸기시럽이 끓어 넘칠 수 있어요.

4. 열기가 남아 있을 때 딸기를 포크로 으깨며 잘 섞어요.

5. 냉동 보관할 큐브에 옮겨 담아요.

6. 이대로 냉동실에 얼리면 새콤달콤한 딸기샤베트가 됩니다.

(베이비딸기샤베트 활용법)

실온에 1시간 이상 둔 후, 다음과 같이 즐길 수 있어요.
1) 아기요거트 위에 뿌려 먹어요! → 호텔 고급 디저트 뺨치는 딸기요거트 맛!
2) 프렌치토스트 위에 뿌려 먹어요! → 카페 뺨치는 딸기토스트 맛!
3) 우유에 섞어 마셔요! → 우리 동네 딸기우유 맛집은 바로 여기!

밥태기

when babies
refuse
food

밥태기

· SOS 황금 레시피 ·

국어사전에는 없는 밥태기란 말은 '밥을 잘 먹지 않는 시기'를 뜻해요. 사랑이도 이 시기를 진하게 겪었고, 그 덕분에 머리 싸매고 이렇게도 해보고 저렇게도 해보면서 맛있는 아기 요리 레시피를 개발하게 됐어요. 사랑이의 길고 강한 밥태기를 극복하게 해준 '유레카' 황금비율 레시피! 밥태기는 이유식·유아식 시기에 언제라도 올 수 있어요. 그때마다 가능한 재료로 최대한 맛있게! 만들면서 영양 균형도 생각했어요. 식재료를 세심하게 선별했지만, 여러 재료가 섞인 요리이므로 알레르기에 주의하세요. 기본적으로 테스트 후에 먹이는 것을 원칙으로 하고, 먹인 후에 세심히 관찰해 주세요.

기적의 포케볼

아기의 밥태기를 겪고 있는 모든 동지들에게 바칩니다! 사랑이의 밥태기는 길고도 강하고 어려웠어요. 입을 아예 벌리지 않을 때가 태반이었고, 주는 음식마다 땅바닥에 내던져 버렸어요. 겨우 몇 입 먹고 나서 밀어내 버릴 때도 많았어요. 아기가 적절히 영양 섭취를 해야 하는데… 정말 어찌할 바를 모르겠고 막막하더라고요. 쌀죽을 먹지 않으니 감자와 쌀가루의 황금비율을 찾아 매일 이렇게도 해보고, 저렇게도 해봤어요. 그러다 '겉바속촉'의 식감을 살린 이 포케볼이 탄생했을 때, 사랑이가 폭풍 흡입하기 시작했어요. 정말 유레카를 외쳤습니다! '기적의 포케볼'은 말 그대로 기적 같은 레시피예요. 이 경험과 레시피를 영상으로 소개한 이후, 밥태기를 진하게 겪고 있는 많은 동지들의 힘이 되어주고 있어요. 지금 이 글을 읽고 있는 소중한 동지에게도 기적의 레시피가 되었으면 좋겠어요. 기본 비율의 포케볼부터 닭고기, 소고기가 들어간 버전까지 최고의 조합을 차례로 소개해 볼게요. 중기 이후부터 가능한 레시피인데, 각 재료에 대한 테스트를 선행한 후 먹여주세요!

NO EGG

재료

- 감자 85g
- 쌀가루 15g
- 물 5ml
- 케일 15g
- — 총 120g
- 오일 스프레이

완성

- 약 1끼 분량, 볼 15~17개

tip

레시피는 한 끼 분량이에요. 2배합, 3배합으로 만든 후 냉동보관 1~2주 가능해요. 해동해서 먹어도 맛과 식감이 꽤 잘 유지돼요. 저 역시 넉넉히 만든 후 한 끼 양씩 소분해 냉동실에 든든히 넣어두고, 외출하거나 여행할 때 잘 챙겨 다닙니다.

1. 감자를 찜기에 20분 이상 익혀요. 속까지 푹 잘 익혀야 해요!

2. 다 익으면 뜨거울 때 감자를 바로 으깨요. 식힌 감자를 쓰면 잘 으깨지지 않고 반죽하기 어려워요.

3. 감자가 담긴 볼에 쌀가루와 물 5ml를 넣어요. 더 넣지도 덜 넣지도 마세요. 시행착오 거치며 맞춘 황금비율!

4. 줄기를 제거한 케일을 끓는 물에 30초~1분간 데친 후, 잘게 다져 반죽에 넣어요.

5. 손으로 반죽을 치대며 잘 섞어요.

6. 요렇게 동그랗게 잘 뭉쳐지는 감자 반죽, 작고 소중♡

7. 100원 동전의 크기로 동글동글 반죽을 빚어요. 아기가 손으로 집고, 입에 넣기 알맞아요.

8. 오일 스프레이를 '촤악' 뿌려주고, 에어프라이어 160도 10분 구워요. 꺼내서 볼을 골고루 굴려준 후, 다시 170도 3분 더 구워요. 이게 '겉바속촉' 식감의 비법!

9. 꺼내서 한 김 식혀주면 '겉바속촉'의 식감이 더 선명히 살아나요. 기적의 포케볼 완성! 아직 씹는 힘이 약하면, 볼 1개를 3~4등분 손으로 뜯어 나눠 먹이세요.

소고기 베이스 포케볼

이유식 때 소고기는 매일 먹어야 하는 건데, 아무것도 먹지 않으니 정말 '미춰' 버리겠더라고요. 하지만 꾹 닫고 있던 사랑이의 입을 열게 해준 포케볼 속에 소고기를 넣었더니… 오호라! 너무 잘 먹어주는 겁니다. 마침내 '탄·단·채'의 비율마저 완벽해진 소고기 베이스 포케볼을 소개합니다. 고기 안 먹는 아기도, 채소 안 먹는 아기도 포케볼이라면 밥태기 해결입니다!

소고기 양송이 포케볼

소고기 베이스 포케볼

NO EGG

재료

- 감자 85g
- 쌀가루 15g
- 물 5ml
- 소고기 20g
- 채소 15g
  ※ 아래 채소 조합 공식 참조
  ─ 총 140g
- 오일 스프레이

완성

- 1끼 분량, 볼 15~17개

⋯⋯⋯⋯ **tip** ⋯⋯⋯⋯

후기부터 채소량을 점진적으로 늘려도 돼요.

소고기 양송이 포케볼

1. 앞에서 소개한 '찐 감자 + 쌀가루 + 물'로 만든 '기적의 포케볼' 기본 반죽을 준비해요. 익힌 소고기와 볶은 양송이도 함께 준비해요.

2. 기본 감자 반죽에 소고기를 넣으면 '소고기 베이스 포케볼'이 되어요. 여기에 케일, 근대, 양파, 양송이 등의 채소를 더하면 돼요.

3. 이번에는 양송이를 넣을게요. 그러면 '소고기 양송이 포케볼' 반죽이 됩니다.

4. 동글동글 작은 반죽을 빚어 오일 스프레이를 뿌린 후 에어프라이어 160도 10분 구워요. 볼을 골고루 굴린 후 170도 3분 더 구우면, '겉바속촉' 소고기 양송이 포케볼 완성!

'소고기 베이스 포케볼' 베스트 채소 조합 공식

① **소고기 + 케일**
   (끓는 물에 약 1분 데친 후 다져서 사용)

② **소고기 + 근대**
   (끓는 물에 약 1분 데친 후 다져서 사용)

③ **소고기 + 양파**
   (찬물에 5분 담가 매운 기 제거 후 15분 찌고 다져서 사용)

④ **소고기 + 아스파라거스**
   (밑동과 껍질 제거 후 10분 찌고 다져서 사용)

⑤ **소고기 + 양배추**
   (양배추 잎 뜯어 10분 찐 후 다져서 사용)

⑥ **소고기 + 비트**
   (얇게 슬라이스해 찜기에 30분 찐 후 다져서 사용)

⑦ **소고기 + 브로콜리**
   (식초물에 소독 후 줄기 제거 후 20분 찌고 다져서 사용)

⑧ **소고기 + 토마토**
   (십자 칼집 낸 후 끓는 물에 3분 데친 후 껍질 제거, 다져서 사용)

⑨ **소고기 + 애호박**
   (잘게 다져 달군 팬에 오일 소량 두르고 볶은 후 사용)

⑩ **소고기 + 청경채**
   (줄기 제거 후 7분 찌고 다져서 사용)

⑪ **소고기 + 양송이**
   (잘게 다져 팬에 오일 없이 볶은 후 사용)

※ 채소량은 모두 15g, 중기 이후부터 가능, 큐브 사용 가능, 각 재료에 대한 테스트 선행

닭고기 베이스 포케볼

기름기 없는 닭고기 안심, 가슴살 부위가 퍽퍽하다는 이유로 아기에게 외면받고 있나요? 포케볼 속에 넣어 보세요. 식감은 감추고, 영양은 꽉 차요. 감자와 닭고기의 궁합은 이미 알고 있는 대로 훌륭해요. 여기에 아래의 채소를 더하면 '탄·단·채'의 밸런스가 좋아지고 맛도 풍성해져요. 단, 아삭거리는 식감이 남지 않게 채소를 잘 익혀주세요. 잘 안 먹는 밥태기 시즌에는 엄마의 손길도 세심해져야 해요.

닭고기 당근 포케볼

닭고기 베이스 포케볼

NO EGG

재료

- 감자 85g
- 쌀가루 15g
- 물 5ml
- 닭고기 20g
- 채소 15g

※ 아래 채소 조합 공식 참조
― 총 140g

- 오일 스프레이

완성

- 1끼 분량, 볼 15~17개

·········· tip ··········

후기부터 채소량을 점진적으로 늘려도 돼요.

닭고기 당근 포케볼

1. 앞에서 소개한 '찐 감자+쌀가루+물'로 만든 '기적의 포케볼' 기본 반죽을 준비해요. 익힌 닭고기와 당근도 함께 준비해요.

2. 기본 감자 반죽에 닭고기를 넣으면 '닭고기 베이스 포케볼'이 되어요. 여기에 케일, 시금치, 양파, 당근 등의 채소를 더하면 돼요.

3. 이번에는 당근을 넣을게요. 그러면 '닭고기 당근 포케볼' 반죽이 됩니다.

4. 동글동글 작은 반죽을 빚어 오일 스프레이를 뿌린 후 에어프라이어 160도 10분 구워요. 볼을 골고루 굴린 후 170도 3분 더 구우면, '겉바속촉' 닭고기 당근 포케볼 완성!

'닭고기 베이스 포케볼' 베스트 채소 조합 공식

① **닭고기 + 케일**
   (끓는 물에 약 1분 데친 후 다져서 사용)

② **닭고기 + 시금치**
   (끓는 물에 약 1분 데친 후 다져서 사용)

③ **닭고기 + 아스파라거스**
   (밑동과 껍질 제거 후 10분 찌고 다져서 사용)

④ **닭고기 + 양파**
   (찬물에 5분 담가 매운 기 제거 후 15분 찌고 다져서 사용)

⑤ **닭고기 + 부추**
   (다진 부추를 실리콘용기에 담아 10분 찐 후 사용)

⑥ **닭고기 + 브로콜리**
   (식초물에 소독 후 줄기 제거 후 20분 찌고 다져서 사용)

⑦ **닭고기 + 토마토**
   (십자 칼집 낸 후 끓는 물에 3분 데친 후 껍질 제거, 다져서 사용)

⑧ **닭고기+ 청경채**
   (줄기 제거 후 잎 부분만 7분 찌고 다져서 사용)

⑨ **닭고기 + 팽이버섯**
   (잘게 다져 팬에 오일 소량 둘러 볶은 후 사용)

⑩ **닭고기 + 당근**
   (슬라이스해 10분 찐 후 잘게 다져 사용)

※ 채소량은 모두 15g 중기 이후부터 가능, 큐브 사용 가능,
   각 재료에 대한 테스트 선행

베이비라구소스파스타

사랑이 8개월 무렵, 토마토와 밀가루 테스트를 마친 후 가장 먼저 해준 요리예요. 사랑이에게 신세계를 맛보여줄 생각에 얼마나 설레었는지 아직도 생생해요. 파스타 면은 보통의 밀 100% 제품을 사용하면 돼요. 아기에게 면이 조금 길 수 있으니 제공하기 전에 잘라주세요. 유기농 파스타 면이나 아기용 숏파스타 면도 괜찮아요. 마늘과 바질잎에 대한 테스트를 전제로 한다면, 중기 이후부터 가능한 메뉴예요. 바질잎은 이상반응이 있는 경우가 있으니 세심하게 살펴주세요.

NO EGG

재료

- 완숙 토마토 1개 (약 120~130g)
- 소고기 50g
- 양송이버섯 25g
- 양파 35g
- 당근 15g
- 다진 마늘 1g
- 소고기 육수 300ml
- 파스타면 30g
- 아기치즈(선택)
- 바질잎 1장(선택)
- 오일 소량

완성

- 라구소스 2끼 분량
- 파스타 1끼 분량

 tip

아직 테스트 전인 재료가 있다면 꼭 오전에 만들어 주세요. 또 재료가 1~2가지 없어도 괜찮아요. 엄마가 즐겁게 만들어야 아기도 잘 먹어요. 사랑이는 매번 한 그릇 뚝딱! 너무 잘 먹어주는 메뉴랍니다.

1. 소고기, 토마토, 양송이, 양파, 당근을 다져서 준비해요. 만들어놓은 큐브가 있다면 대체해도 돼요.

2. 끓는 물에 파스타 면을 완전히 익혀요. 제품마다 조리법이 표기돼 있는데, 완전히 익히는 시간을 확인해 푹 익혀주세요.

3. 파스타 면을 건져 넓은 트레이에 식히며 오일을 묻혀 코팅해요. 면이 서로 들러붙지 않고, 부는 것도 방지해요.

4. 달군 팬에 오일을 소량 두르고 마늘을 볶아 향을 내요.

5. 양파를 넣고 노릇해질 때까지 약 2분간 볶아요.

6. 소고기를 넣고 표면이 갈색이 될 때까지 약 1분간 볶아요.

7. 당근, 양송이를 넣고 1분 볶다가 토마토를 넣고 1분 더 볶아요.

8. 해동한 소고기 육수를 붓고 15~17분간 푹 끓여요. 농도를 봐가면서 너무 졸아들면, 육수나 물을 조금씩 추가해요.

9. 바질잎을 다져 추가해요. 선택 사항입니다. 풍미를 확 끌어올려 주는데, 테스트 전이라면 이상 반응을 살펴주세요.

10. 소스가 약 220g 나왔어요. 2회 먹을 분량입니다. 1회 먹을 소스만 덜고, 나머지는 1~2주간 냉동 보관 가능해요.

11. 준비해둔 파스타 면과 1회 분량의 라구소스를 팬에 한 번 더 볶아요.

12. 그릇에 덜어 아기가 먹기 좋게 가위로 면을 잘라요. 마무리로 아기치즈를 올려도 좋아요. 베이비라구소스파스타 완성입니다!

베이비소고기크림파스타

밥태기로 고생 중이라면, 오늘 당장 이 기적의 크림파스타를 해보시라고 추천드려요. 사랑이의 리얼 먹방과 수많은 후기가 증명하는 메뉴! 파슬리가루에 대한 테스트를 전제로 한다면, 중기 이후부터 가능한 메뉴예요. 재료 본연의 풍미를 끌어올린 레시피에 엄마의 정성과 사랑까지 듬뿍 들어간 파스타, 지금 바로 시작합니다!

NO EGG

재료

- 소고기 25g
- 양송이버섯 20g
- 양파 20g
- 분유물 (혹은 우유) 60g
- 물 10ml
- 파슬리가루 3g
- 소고기 육수 50g
- 파스타면 30g
- 아기치즈 1장
- 오일 소량

완성

- 파스타 1끼 분량

tip

아직 테스트 전인 재료가 있다면 꼭 오전에 만들어 주세요. 그래야 알레르기 반응에 대한 대응이 수월해요.

1. 끓는 물에 파스타 면을 완전히 익혀요. 제품마다 조리법이 표기돼 있는데, 완전히 익히는 시간을 확인해 푹 익혀주세요.

2. 파스타 면을 건져 넓은 트레이에 식히며 오일을 묻혀 코팅해요. 면이 서로 들러붙지 않고, 부는 것도 방지해요.

3. 팬에 오일을 소량 두르고 양파, 버섯, 소고기를 볶아요. 노릇한 갈색빛이 날 때까지!

4. 요렇게 노릇하게 팬에 누른 흔적을 잘 밀어가며 볶으면 풍미가 더 올라요.

5. 재료가 익으면 소고기 육수를 부어 졸여요. 팬 구석구석에 붙은 재료를 잘 긁어 저어줘요.

6. 육수가 충분히 졸아들면 분유물을 넣고 1분 끓여요. 아기가 돌이 지나면 우유로 대체해요.

7. 익혀둔 면을 넣고 소스와 함께 약 2분간 볶아요. 아기 파스타는 푹 익히는 게 중요하고, 소스 맛도 면에 잘 스며요.

8. 아기치즈 1장을 올려 잘 녹이며 섞어줘요.

9. 마무리로 물 10ml를 꼭 넣어요. 식힐 때 뻑뻑해지는 걸 방지해요.

10. 마무리로 파슬리가루를 솔솔 뿌리면 크림파스타 완성입니다!

베이비뇨끼

아기를 위한 스페셜 특식! 손이 많이 가고 시간이 오래 소요되지만, 그만큼 호불호 없이 잘 먹어줄 메뉴예요. 우리 아기에게 특별한 음식을 대접하고 싶은 날, 열심히 만들다 보면 내가 마치 유명한 셰프라도 된 양 자신감이 뿜뿜 차오를 거예요. 여러 재료가 들어가므로 각 재료에 대한 테스트 후에 만드는 게 원칙이에요. 테스트를 마쳤다면 중기 이후부터 가능한 메뉴입니다.

재료

• 소스
소고기 30g
양송이 15g
양파 25g
분유물 (혹은 우유)
130g
아기치즈 1장
파슬리가루 2꼬집
콜리플라워 5g(선택)

• 반죽
감자 100g
쌀가루 70g
계란 노른자 1개

완성

• 반죽 2회 분량
• 소스 1회 분량

tip

뇨끼 반죽을 할 때 계속 쌀가루를 덧뿌려주면 손에 잘 달라붙지 않아요.

1. 달군 팬에 오일을 소량 두르고 다진 양파, 양송이, 소고기를 충분히 볶아요.

2. 분유물을 붓고 재료를 저어가며 졸여요. 아기가 돌 지났다면 우유로 대체해요.

3. 아기치즈 1장을 올리고 소스에 잘 녹여요. 소스가 졸아들면 용기에 담아 식혀요.

4. 볼에 익힌 감자, 쌀가루를 넣고, 계란 노른자를 분리해 넣어요.

5. 꾹꾹 누르고 장갑 낀 손으로 치대며 반죽해요.

6. 도마로 반죽을 옮겨 쌀가루를 뿌리고 4등분해요. 반죽이 180g 나왔고, 2회 분량이에요.

7. 4개의 반죽을 손으로 밀어가며 길쭉한 모양으로 만들어요.

8. 4개의 반죽 중 2개만 50원짜리 동전 크기로 자르고, 나머지는 랩핑해 냉동 보관해요.

9. 반죽을 동글동글 양손에 굴려가며 빚어요.

10. 포크로 반죽을 꾹 눌러 모양을 내줘요. 반죽이 오래되면 갈라질 수 있으니 빠르게!

11. 뇨끼 반죽을 끓는 물에 1분 30초 삶아요. 뇨끼 반죽이 익으면 떠올라요.

12. 달군 팬에 오일을 소량 두르고, 건져낸 뇨끼 반죽을 약불에 3분 노릇하게 구워요.

13. 구운 뇨끼 반죽 위에 식혀둔 소스를 붓고 1분간 졸여요.

14. 파슬리가루를 위에 솔솔 뿌려요.

15. 익힌 콜리플라워가 있다면, 잘게 다져서 느낌 있게 촤르르! 파마산 치즈 느낌을 내요.

삐뽀삐뽀 기적의카레

모든 메뉴를 통틀어 사랑이가 가장 빨리 흡입한 메뉴! 재료의 풍미를 한껏 끌어올려 까다로운 사랑이 입맛을 제대로 저격했어요. 볶은 우엉이 구수하고 새로운 풍미를 담당하고, 양파와 무가 달고 시원한 맛을 내요. 토마토 역시 카레와 만나 깊고 진한 맛! 소고기 덕분에 결코 가볍지 않아요. 완료기 이후부터 가능한 메뉴예요.

NO EGG

재료

- 우엉 25g
- 양파 35g
- 무 35g
- 소고기 35g
- 토마토 40g
- 카레가루 4g
- 물 380ml

완성

- 1끼 분량

1. 무는 얇게 슬라이스하고, 양파는 듬성듬성, 우엉은 약 1cm 두께로 잘라요.

2. 무, 양파, 우엉을 팬에 넣고 중약불에 3~4분 볶아요. 수분이 날아가면서 향과 풍미를 올려줄 거예요.

3. 볶은 재료를 한 김 식힌 후 초퍼에 넣고 다져요.

4. 재료를 볶은 냄비에 그대로 물 380ml를 붓고, 다진 재료를 모두 넣어요.

5. 소고기를 넣어요. 기름기 없는 부위면 다 가능해요. 이번엔 육전용 얇은 소고기를 잘라서 썼어요.

6. 카레가루를 넣고 뭉치지 않게 잘 풀어가며 끓여요.

7. 익힌 토마토의 껍질을 벗기고 1cm 크기로 잘라 끓고 있는 카레에 넣어요.

8. 중약불에서 약 10~12분간 저어가며 부드럽게 끓여요. 뭉근하고 부드러운 카레 완성입니다!

베이비과카몰리

슈퍼푸드 아보카도와 토마토, 거기에 시원하고 상큼한 양파와 레몬즙이 만난 최고의 영양 메뉴! 과카몰리
는 제가 정말 사랑하는 메뉴예요. 나초에 찍어 먹어도 맛있고, 구운 빵과 곁들여도 훌륭하고, 밥과 함께 먹
으면 부드럽고 고소한 덮밥이 돼요. 사랑이도 어느새 사랑하게 된 베이비과카몰리를 소개합니다! 완료기부
터 먹일 수 있어요.

NO EGG

재료

- 아보카도 100g(1개)
- 토마토 50g
- 양파 35g
- 다진 마늘 2g
- 레몬즙 2g
- 아가베시럽 1작은술
- 오일 소량

완성

- 약 2~3회 분량

tip 1

기호에 따라 소금과 후추를 톡톡 조금만 추가하면, 엄마가 먹어도 맛있는 과카몰리가 돼요. 아기가 한 번에 먹기 넉넉한 양이니 동지들도 꼭 이 맛을 즐겨봐요!

tip 2

토마토는 데친 후 껍질을 벗겨 사용해야 아기가 먹기 부드럽고 편해요. 밥을 잘 안 먹는 시기에 아삭하거나 질긴 식감은 방해가 될 수 있어요.

1. 끓는 물에 약 2분간 데쳐 껍질 벗긴 토마토를 1cm 크기로 잘라요.

2. 찬물에 담가 매운 기를 뺀 양파 역시 1cm 크기로 잘라요.

3. 팬에 오일을 두르고 중약불을 켠 채 다진 마늘을 넣어 향을 내요.

4. 양파를 투명해질 때까지 볶은 후 조금 식혀요.

5. 잘 익은 아보카도를 반으로 갈라 가운데 씨를 칼로 탁 찍어 빼내요.

6. 아보카도 과육을 껍질과 분리해 볼에 담은 후 으깨요.

7. 준비한 토마토, 양파도 볼에 담고, 아가베시럽과 레몬즙을 넣어요.

8. 재료를 잘 섞어주면 베이비과카몰리 완성이에요!

후기

베이비토마토수프

설탕이 전혀 들어가지 않아도 단맛이 가득한 토마토수프예요. 그냥 먹어도 맛있지만 파스타나 피자 소스, 드레싱 등으로 활용도가 무궁무진해요. 파슬리가루와 마늘에 유의한다면, 후기부터 가능한 레시피예요. 처음 먹이는 재료가 있다면 항상 관심 있게 지켜보세요.

NO EGG

재료

- 토마토 200g(1개)
- 양파 35g
- 당근 30g
- 올리브오일 1큰술
- 마늘 2g
- 파슬리가루 2꼬집
- 소고기 육수 170ml

완성

- 약 2~3끼 분량

············ **tip 1** ············

2배 분량으로 넉넉하게 만들어 소분해 냉동 보관하면, 다양한 요리에 활용할 수 있어 아주 유용해요. 냉동 보관 1~2주까지 권장해요.

············ **tip 2** ············

크루통을 만든 후 수프 위에 올려 먹으면, 맛있고 든든해요. 아기가 치즈를 좋아한다면 아기치즈를 반 장만 올려 녹여줘도 좋아요.

1. 양파, 당근의 껍질을 제거한 후 얇게 슬라이스해요. 특히 당근을 더 얇게!

2. 토마토를 끓는 물에 2분 데쳐 껍질을 벗긴 후 얇게 슬라이스해요.

3. 팬에 오일을 두르고 중약불을 켠 채 다진 마늘을 넣어 향을 내요.

4. 양파, 당근을 넣고 볶아요. 양파가 어느 정도 투명해지고, 당근이 부드러워질 때까지요.

5. 토마토를 추가해 약 2분간 볶다가 육수를 넣고 10분 더 끓여요.

6. 한 김 식힌 후 볼에 담아 핸드블렌더로 아주 곱게 갈아요.

7. 파슬리가루 톡톡 뿌려주면 완성입니다!

후기

베이비감자수프

SOS

사랑이가 그릇째 퍼먹는 마법의 수프 레시피예요. 감자, 소고기, 양파에 우유까지 '탄·단·채' 밸런스가 좋은
영양 가득 든든한 한 끼입니다. 우유를 분유로 바꾸면, 후기부터 먹일 수 있어요. 레시피와 같이 우유를 사
용하면 돌 지난 시점, 즉 완료기부터 먹일 수 있는 메뉴입니다.

NO EGG

재료

- 감자 150g(약 2개)
- 양파 70g
- 소고기 60g
- 우유 80ml
- 소고기 육수 100ml
- 오일 소량
- 파슬리가루 1꼬집

완성

- 약 3끼 분량

····· **tip 1** ·····

우유를 넣고 나면 순식간에 끓어오를 수 있어요. 불 조절을 잘해주세요. 질감이 너무 되직하다 싶으면, 물을 10~15ml 조금씩 추가해 가며 끓여도 좋아요.

····· **tip 2** ·····

이대로 조리하면 넉넉한 양이에요. 소분해 1~2주간 냉동 보관하다가 해동해 먹어도 돼요.

1. 감자, 양파를 약 1cm 크기로 깍둑썰기한 후, 감자를 찜기에 넣어 15분 이상 익혀요.

2. 소고기도 약 1cm 크기로 깍둑썰기해요.

3. 달군 팬에 오일을 소량 두르고 양파를 먼저 볶아요. 노릇노릇 아삭한 식감이 사라질 때까지!

4. 소고기도 넣고 표면이 갈색이 될 때까지 볶아요.

5. 익혀둔 감자를 넣고 완전히 으깨지도록 국자로 꾹꾹 눌러요. 감자에 소고기와 양파의 풍미를 입혀요.

6. 준비해둔 소고기육수를 부어요.

7. 눌어붙지 않게 바닥을 잘 저어가며 중약불에 끓여요.

8. 파르르 끓어오르면 우유를 붓고, 불을 약하게 조절해요.

9. 약불에서 뭉근하게 끓이다 보면, 적당히 되직한 질감이 돼요.

10. 파슬리가루를 뿌리고 한번 저어준 후 마무리!

베이비크루통

식빵으로 초간단 크루통을 만들어 토마토수프, 감자수프와 함께 곁들여 보세요. 계란이 함유되지 않은 식빵, 쌀가루로 만든 식빵 등으로 만들면 더 건강하게 즐길 수 있어요. 시판 식빵을 언제부터 먹이느냐에 따라 후기 또는 완료기부터 가능한 메뉴입니다.

- 식빵 1장
- 오일 5g
- 파슬리가루 1큰술

- 약 1~2회 분량

············ tip ············

에어프라이어 화력과 조건이 다를
수 있으니 굽는 중간중간 살펴주세
요. 너무 딱딱하게 구워지는 것보다
약간 부드러운 식감이 남을 때까지
굽는 게 아기가 먹기 좋아요.

1. 아기가 먹기 좋게 식빵을 약 1cm 크기로 잘라요.

2. 볼에 식빵을 담고 오일을 넣어 잘 섞어요.

3. 파슬리가루를 솔솔 뿌려요.

4. 골고루 잘 섞어줍니다.

5. 에어프라이어용 트레이에 담고 겹치지 않게 잘 펴줘요.

6. 에어프라이어 160도 5분 구우면 베이비크루통 완성!

쌀반죽 베이비영양수제비

어른도 밥맛 없을 때 뜨끈한 수제비 한 그릇 생각나잖아요. 아기에게도 통할 거라는 믿음으로 여러 차례 시도 끝에 마침내 성공한 영양 수제비예요. 밀가루를 사용하지 않고 쌀과 감자만으로 반죽하는 황금비율 레시피입니다. 후기부터 가능한 메뉴이고, 아기에 맞게 재료의 크기 잘 조절해 주세요!

NO EGG

재료

- **반죽**
  쌀가루 60g
  감자 60g
  물 35ml
  오일 1작은술

- **국물**
  물 350ml
  표고버섯 5g
  다시마 1장
  양파 15g
  애호박 15g
  두부 30g

완성

- 반죽 2끼 분량
- 국물 1끼 분량

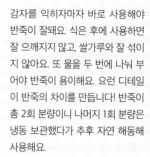

tip

감자를 익히자마자 바로 사용해야 반죽이 잘돼요. 식은 후에 사용하면 잘 으깨지지 않고, 쌀가루와 잘 섞이지 않아요. 또 물을 두 번에 나눠 부어야 반죽이 용이해요. 요런 디테일이 반죽의 차이를 만듭니다! 반죽이 총 2회 분량이니 나머지 1회 분량은 냉동 보관했다가 추후 자연 해동해 사용해요.

1. 찜기에 15~20분 이상 푹 익힌 감자를 으깨요.

2. 으깬 감자 위에 쌀가루를 붓고 반죽을 시작해요.

3. 장갑 낀 손으로 모으고 누르며 덩어리지게 해줘요.

4. 물 35ml를 두 번에 나눠 부으며 본격 손반죽해요.

5. 자, 반죽이 잘 됐어요. 동그랗게 잘 뭉쳐져요.

6. 오일을 양손에 묻혀 반죽을 '소중하게' 코팅해요.

7. 오일 코팅한 반죽을 랩핑해서 냉장고에서 1시간 숙성해요.

8. 육수를 낼 채소들을 썰어 준비해요.

9. 오일 없이 채소를 1~2분간 중약불에 볶아요. 향이 올라와요.

10. 물을 붓고 총 10분간 약불에서 끓여요. 다시마는 넣었다가 2~3분 후 빼요.

11. 수제비 반죽을 아기 한입 크기로 뜯어서 넣고 푹 익혀요.

12. 두부까지 넣고 2분 더 끓이면 베이비영양수제비 완성!

기 떡 류

브나나빵

슈퍼푸드 브로콜리가 콕콕! 든든한 오트밀이 듬뿍! 전자레인지로 만드는 초간단 베이커리 레시피인데, 밥태기 아기를 구원했다는 감동의 후기가 폭주한 메뉴예요. 리뷰와 후기가 최상이고, 엄마의 다이어트 간식으로도 너무 좋은 브나나빵! 안 해본 사람은 있어도 한 번만 해본 사람은 없답니다. 우유가 들어가서 완료기 이후부터 가능한 메뉴입니다.

NO EGG

재료

- 바나나 1개
- 브로콜리 50g
- 오트밀 35g
- 그릭요거트 35g
- 땅콩버터 15g
- 우유 20ml

완성

- 1끼 분량

tip 1

그릭요거트를 일반 아기요거트로 대체할 수 있어요. 일반 아기요거트를 사용할 경우 반죽이 다소 묽어져서 우유를 10ml로 줄여주세요.

tip 2

냉동 보관 약 1~2주 가능해요.

1. 익힌 브로콜리, 바나나, 오트밀, 그릭요거트, 땅콩버터, 우유까지 모든 재료를 초퍼에 다져요.

2. 반죽을 전자레인지용 실리콘용기에 부어요.

3. 실리콘용기를 잡고 바닥을 탁탁 내리치며 공기를 빼요. 반죽이 평탄화돼요.

4. 실리콘 뚜껑을 닫고 전자레인지에 총 3분 돌려요. 30초~1분씩 중간중간 끊어가며 살펴요.

5. 빵을 용기에서 뒤집어 뺀 후 도마에서 식혀요. 음, 달달한 향이 너무 좋아요!

6. 아기가 먹기 좋은 스틱 모양으로 잘라요. 저는 10등분 했어요.

7. 에어프라이어용 트레이에 빵을 옮긴 후 오일 스프레이를 뿌려요.

8. 쫀득함을 더하기 위해 에어프라이어에서 170도 3분 더 구워요. 완성입니다!

간식

슈퍼딸기떡케이크

아무리 심한 밥태기 시즌이라도 아기가 애정하는 과일은 먹잖아요? 사랑이는 그게 딸기였어요. '딸기 킬러' 사랑이를 위해 신선한 제철 딸기에 질 좋은 탄수화물 퀴노아를 더하고, 우유로 단백질도 보완해서 더없이 훌륭한 퓨전 떡케이크를 만들었어요. 해주자마자 사랑이가 한 판 몽땅 '순삭'했다는 후기! 완료기 이후부터 가능한 메뉴입니다.

NO EGG

1. 퀴노아를 깨끗이 세척 후 찬물에 담가 1~2시간 이상 불려요.

2. 퀴노아를 끓는 물에 15~20분 정도 푹 삶아요.

3. 익힌 퀴노아를 체에 담아 물기를 제거해요.

4. 전자레인지용 실리콘용기에 딸기를 담아 장갑 낀 손으로 으깨요.

5. 딸기가 담긴 용기에 퀴노아, 쌀가루, 우유를 넣어요.

6. 스패출러로 열심히 치대며 섞으면 핑크빛 반죽 완성!

7. 실리콘 뚜껑을 덮고 전자레인지에 1분씩 2회, 총 2분 돌려요.

8. 용기에서 뒤집어 빼준 후 실온에서 10분 이상 식혀요. 바로 자르면 끈적해서 커팅이 어려워요.

9. 전체를 10등분으로 자른 후 한 조각을 다시 3~4등분 할게요.

10. 쫀득한 떡이 아기 목에 걸리지 않게, 빵보다 작게 잘라 제공하는 게 안전해요.

슈퍼레드파운드

슈퍼푸드에 슈퍼푸드를 더했어요. 꼭 먹여야 하는 소고기까지 들어간 영양 한 끼입니다. 비트가 생각보다 호불호 있는데, 단독으로 먹이기 어려운 재료를 이렇게 섞어서 핑거푸드로 만들면 먹이기 훨씬 수월해요. 빨강, 노랑, 초록의 색감도 화려해요. 각 재료에 대한 테스트를 마쳤다면 중기부터 먹일 수 있는 메뉴입니다.

NO EGG

.... (**tip**) ....

미리 익혀서 준비해야 할 재료가 비트, 단호박, 브로콜리예요. 넉넉한 찜기에 세 가지를 약 20~30분가량 쪄서 준비하면 편해요. 실리콘용기에 물을 조금 붓고 전자레인지에서 익히는 방법도 자주 써요. 미리 푹 익혀놓아야 아기들이 싫어하는 채소의 아삭한 식감이 사라지고, 조리하기 편해요.

1. 반으로 잘라 익힌 단호박의 속을 발라요.

2. 볼에 담은 단호박을 뜨거울 때 포크로 으깨요.

3. 익혀둔 브로콜리와 비트, 소고기를 잘게 다져 넣고, 쌀가루도 함께 넣어요.

4. 볼에서 손으로 치대며 한 데 섞어줍니다.

5. 두둥! 자연에서 온 색감 좀 보세요. 건강한 반죽 완성이요.

6. 아기가 집어 먹기 좋은 크기로 반죽을 떼어내 모양을 빚어요.

7. 에어프라이용 트레이에 올려 오일 스프레이를 칙 뿌려요. 반죽 아래도 오일을 바르면 뗄 때 편해요.

8. 에어프라이어 160도 10분 굽고, 150도 3분 더 구워주면 완성입니다!

굽기

메추리알조림김밥

메추리알조림 반찬만 있다면, 다른 재료 준비 없이 '뚝딱' 만드는 아기김밥이에요. 하나씩 집어 먹는 재미가
쏠쏠해요. 완료기 이후부터 가능한 메뉴예요.

재료

- 메추리알조림 5알
- 메추리알조림 육수 1큰술
- 밥 80g
- 깨 2g
- 참기름 2작은술
- 꼬마김밥용 김 3~4장

완성

- 아기김밥 3~4줄, 1끼 분량

tip 1

메추리알조림 만드는 방법은 p.278 을 참고하세요.

tip 2

조미되지 않은 꼬마김밥용 김을 사용하면 돼요. 일반 김밥용 김을 잘라서 써도 됩니다. 단, 김은 식감이 질겨 아기 목에 걸릴 수 있으니 잘 살피며 먹여주세요.

1. 메추리알조림 5알을 볼에 담고, 장갑 낀 손으로 흰자와 노른자 모두 잘게 으깨요.

2. 메추리알조림 육수 1큰술을 으깬 재료 위에 뿌려요.

3. 밥을 담은 볼에 참기름, 깨를 넣어요. 깨는 손으로 문질러가며 넣어야 고소한 향이 배가 돼요.

4. 준비된 밥과 으깬 메추리알을 골고루 잘 섞어요.

5. 유산지를 깔고 김을 올린 후, 김밥 속을 얇게 펼쳐요.

6. 끝에서부터 꾹꾹 여며가며 김밥을 말아요. 마지막에 밥풀이나 물을 묻히면, 김이 잘 붙어요.

7. 자, 귀요미 김밥 한 줄 완성! 김 위에 참기름을 살짝 발라도 돼요.

8. 5mm 두께로 썰어요. 칼에 참기름을 발라주면 썰기 편해요.

특제구운치킨덮밥

완료기를 지나 유아식으로 입문할 때, 입맛 돋우기 좋은 메뉴예요. 퍽퍽하지 않은 야들야들 닭다리살과 감칠맛 소스의 기막힌 조화! 아기가 '단짠'의 신세계를 살짝 맛볼 수 있는 마성의 메뉴랍니다.

NO EGG

재료

- 닭다리살 60g
- 버터 5g
- 다진 마늘 2g
- 양파 20g
- 당근 20g

- **소스**
  레몬즙 4g
  간장 1g
  머스터드소스 2g
  아가베시럽 3g

완성

- 약 2끼 분량

1. 닭다리살을 20분 이상 우유에 담가 잡내를 제거해요.

2. 달군 팬에 버터를 넣고 다진 마늘로 향을 낸 후 닭다리살을 올려요.

3. 닭다리살을 양면 노릇하게 구워요. 고기에서 육수가 나오면 졸여가며 구워요. 타지 않게 주의!

4. 닭다리살이 어느 정도 익으면, 가위로 한번 잘라요.

5. 팬 한쪽에 다진 당근을 넣고 볶아요.

6. 당근이 어느 정도 익으면 다진 양파를 넣고 투명해질 때까지 볶아요.

7. 간장, 머스터드소스, 아가베시럽, 레몬즙을 섞어 만든 소스를 부어요.

8. 소스를 잘 섞어가며 약불에 졸여요. 재료가 모두 익고, 소스 맛이 배면 완성!

후기

베이비콩국수

매미 우는 소리가 창문 밖에서 들리기 시작할 때, 저는 뽀얀 콩국수가 제일 먼저 생각나더라고요. 너무 더워서 있던 입맛도 달아나는 여름날, 뜨끈한 밥 먹이느라 아기랑 씨름하지 말고 시원한 콩국수 먹여보세요. 식물성 단백질 가득한 두부로 간단하게 만드는 레시피예요. 각 재료에 대한 테스트를 전제로 중기 이후부터 가능한 메뉴입니다.

NO EGG

재료

- 두부 90g
- 분유물 (혹은 우유) 60g
- 국수 30g
- 참기름(혹은 들기름) 1작은술
- 검정깨 한 꼬집

완성

- 1끼 분량

················ tip ················

아기가 돌이 지나면 분유 말고 우유를 사용해요.

pick

저는 한살림 쌀사랑 쌀국수를 사용했어요. 소면 익히는 시간은 제품마다 다르니 제품의 조리법을 참고해 푹 익혀주세요.

1. 두부를 끓는 물에 데친 후 찬물에 헹궈요.

2. 양손으로 두부의 물을 꾹 짜며 으깨요.

3. 초퍼에 으깬 두부와 분유를 넣고 함께 갈아요. 아기가 돌이 지나면 우유로 해도 돼요.

4. 이렇게 되직하고 진한 질감의 두부콩물이 만들어졌어요.

5. 소면을 끓는 물에 3~5분 삶고, 찬물에 헹궈요.

6. 체에 받쳐 물기를 뺀 후 참기름을 넣어요.

7. 잘 섞어가며 소면을 참기름 코팅해요. 면이 붇지 않고 고소한 풍미도 올라가요.

8. 갈아놓은 두부콩물을 소면 위에 부어요.

9. 소면과 두부콩물을 잘 섞어요.

10. 빻아놓은 검은깨를 올려주면 고소함 두 배! 깨를 손으로 문질러가며 뿌려도 돼요.

밥태기

· 고기 안 먹을 때 ·

이유식을 6개월에 시작하는 이유가 체내에 부족한 철분을 고기로 채우기 위해서인데, 웬걸요! 사랑이가 소고기를 좋아하지 않아요. 아무래도 기름기 없는 고기 특유의 퍽퍽한 식감이 싫은 듯해요. 이유식·유아식에서 고기가 주는 이점과 중요도가 매우 크고, 게다가 매일 먹여야 하잖아요. 절대 포기할 수가 없죠. 하루하루 전쟁일 수밖에요. 하지만 매일 이런저런 시도를 거치며 '아, 이렇게 하면 먹는구나' 하나씩 깨달아가는 소중한 과정이기도 했어요. 완전히 갈아서 식감을 없애거나, 다른 좋아하는 재료에 버무려 숨기거나, 돌돌 감싸고 말아서 재미를 주거나, 맛있는 소스에 묻히거나 등등. 자, 고기 싫어하는 아이도 매일 잘 먹일 수 있습니다!

바나나비프팬케이크

레스토랑에서 소고기를 먹고 나서 바나나 디저트로 입가심을 했는데, 정말 깔끔하고 기분 좋은 거예요. 이 때의 기억을 떠올리며 바나나와 소고기를 조합해 만들었어요. 그 결과는? 두둥! 사랑이가 너무 잘 먹어줘서 제 마음이 얼마나 든든했는지 몰라요. 찰보리빵처럼 폭신하면서도 촉촉한 식감이 특징입니다. 후기 이후부터 가능한 메뉴입니다.

재료

- 바나나 1개
- 소고기 25g
- 쌀가루 25g
- 계란 1개
- 시나몬파우더 1/2작은술
- 오일 소량

완성

- 팬케이크 약 15개, 1끼 분량

tip

얇은 냉동 소고기를 갈아야 이 레시피가 가능해요. 우둔살, 채끝살, 부채살 부위의 냉동 소고기면 돼요. 또 냉동이 녹으면 잘 갈리지 않아요. 해동하지 말고 냉동 상태로 초퍼에 갈아주세요.

1. 바나나, 소고기, 쌀가루, 시나몬파우더, 계란을 초퍼에 넣고 갈아 반죽을 만들어요.

2. 반죽은 묵직하게 흐르는 질감이에요. 팬에 오일을 소량 두르고 숟가락으로 반죽을 떠서 동그랗게 올려요.

3. 중약불을 유지하면서 타지 않게 구워요. 반죽을 꾹꾹 누르지는 마세요. 고기는 완전히 잘 익혀야 해요.

4. 양면 노릇하게 다 구워지면 완성입니다! 속이 아주 폭신폭신 촉촉해요. 한 김 식혀서 제공해요.

슈퍼비프말이

치즈계란말이는 맛이 없을 수 없는 조합이잖아요! 그 안에 소고기를 잘게 다져 말아 넣었어요. 며칠이고 소고기를 잘 안 먹을 때는 사실 질감 높이기고 뭐고 한입이라도 더 '철분 섭취'하는 게 목적이 돼요. 개월 수에 관계 없이 아기가 잘 먹을 수 있는 입자로 다져봐요. 마음처럼 잘 안될 때는 너무 여러 가지를 목표로 하면, 엄마도 지치니까 하나씩 해내기로 해요! 후기 이후부터 가능한 메뉴입니다.

재료

- 소고기 15g
- 케일(줄기 제거 후) 5g
- 계란 1개
- 치즈 1/2장
- 오일 소량

완성

- 1끼 분량

tip

저는 이 메뉴의 소고기는 불고기감으로 해줬어요. 불고기감이 부드러워 계란과 잘 어울리거든요. 소고기를 정말 안 먹는 시기였는데 모처럼 아주 잘 먹어준 메뉴였답니다.

1. 소고기와 케일을 잘게 다져 준비해요.

2. 계란을 볼에 담아 풀어요. 돌 전에는 되도록 알끈을 제거하고, 돌 이후에는 그대로 사용해도 돼요.

3. 계란이 담긴 볼에 케일을 넣어 섞어요.

4. 달군 팬에 오일을 소량 두르고 소고기를 먼저 볶아요. 완전히 익힌 후에 한쪽에 덜어놓아요.

5. 오일을 소량 두른 팬에 케일 계란물을 부어요. 약불로 잔잔하게 익혀야 해요.

6. 익힌 고기와 치즈 반 장을 한쪽에 길게 펴서 올려요.

7. 끝에서부터 돌돌 계란을 말아요. 조리도구 두 개를 양손에 잡고 하면 편해요.

8. 끝부분을 꾹 눌러 계란물끼리 서로 붙을 수 있게 해요.

9. 뒤집어서 노릇하게 될 때까지 완전히 익혀요.

10. 도마에 올려 한 김 식힌 후 약 1cm 간격으로 잘라요. 완성입니다!

바싹불고기∘ 양념바싹불고기

소고기를 좋아하지 않는 사랑이를 위한 특단의 레시피예요. 다른 아기들은 맛있게 잘 먹는다는 구운 소고기조차 바로 뱉어버리는 야속한 사랑! 어떻게든 더 맛있게 먹이고 싶어서 풍미와 감칠맛 올려줄 갖가지 방법을 고안해 만들었어요. 확실히 소고기 잡내도 덜하고, 쫀득한 식감은 살아나요. 소고기 잘 안 먹는 아기가 있다면 맛있게 '바싹' 구워서 먹여보세요. 완료기 이후부터 먹일 수 있는 메뉴예요.

NO EGG

바싹불고기

재료

- 소고기 90g
- 다진 마늘 2g
- 쌀가루 10g
- 오일 소량

완성

- 떡갈비 6덩이(총 3회 분량)

1. 소고기를 칼로 잘게 다진 후 칼등으로도 여러 번 눌러요. 육질을 부드럽게 만드는 과정이에요.

2. 펼친 소고기 위에 다진 마늘을 펴 발라요.

3. 쌀가루를 뿌린 후 장갑을 끼고 반죽을 해요. 여러 번 치대면서 모든 재료를 잘 섞어요.

4. 반죽을 넓게 펴 6등분으로 자른 후 동그랗게 뭉쳐요.

5. 하나씩 떡갈비 형태로 얇게 눌러요. 1회 분량인 2덩이를 제외하고, 나머지는 냉동 보관해요.

6. 달군 팬에 오일을 소량 두르고 떡갈비 2덩이를 올려 노릇하게 속까지 익혀요. 바싹불고기 완성입니다!

양념 바싹불고기

재료

- **양념** 아가베시럽 3g
  다진 마늘 2g
  간장 1/3작은술(선택)
  물 5ml

완성

- 2덩이 분량의 양념

tip

소고기는 여러 번 뒤집어가며 구우면 맛이 떨어져요. 최소한으로 뒤집어 구워야 육즙 가득 노릇노릇 맛있는 바싹불고기가 완성됩니다.

7. 1~6까지 위와 동일한 순서로 조리해요. 양념 재료를 모두 섞어 별도의 양념을 만들어요.

8. 떡갈비를 굽는 중에 이 양념을 발라가며 익혀요. 노릇하게 잘 익으면 양념바싹불고기 완성입니다!

소고기과카몰리

과카몰리의 부드러운 질감 속에 소고기를 스리슬쩍 숨겨봐요. 목 넘김이 부드러워 사랑이가 꿀떡꿀떡 잘 먹어준 메뉴입니다. 소고기 매일 먹이기 미션은 오늘도 이렇게 아슬아슬하게 클리어! 완료기 이후부터 먹일 수 있는 메뉴예요.

NO EGG

- 아보카도 100g(1개)
- 소고기 35g
- 토마토 30g
- 양파 35g
- 다진 마늘 2g
- 레몬즙 3g
- 파슬리가루 한 꼬집
- 아가베시럽 1작은술
- 오일 소량

- 약 2회 분량

tip

팬에 소고기와 양파를 볶을 때, 소고기는 완전히 익혀야 해요. 양파는 아삭한 식감이 사라져야 하고요. 이런 작은 디테일을 잡으면, 아기가 잘 먹는다는 마음으로!

1. 잘 익은 아보카도를 반으로 갈라 씨와 껍질을 제거하고, 과육을 볼에 담아요.

2. 소고기를 잘게 다지고, 양파를 썰어 준비해요. 토마토도 끓는 물에 데쳐 껍질 벗겨 썰어 놓아요.

3. 팬에 오일을 소량 두르고 다진 마늘, 양파, 소고기 순서로 볶아요.

4. 아보카도를 담은 볼에 준비해둔 토마토를 넣어요.

5. 볶은 소고기와 양파도 추가해요.

6. 아가베시럽과 레몬즙을 넣어요. 시판 레몬즙도 괜찮고, 생레몬을 쓰면 더 상큼해요.

7. 모든 재료를 으깨고 비비며 잘 섞어줍니다.

8. 파슬리가루를 한 꼬집만 톡톡 뿌려줄게요. 완성입니다!

후기

고고볼

고고볼은 '고구마 듬뿍 고영양볼'의 줄임말이에요. 포케볼이 감자 베이스라면, 고고볼은 고구마 베이스라고 생각하면 돼요. 닭 안심살과 아스파라거스가 더해져 '탄·단·채'의 균형이 훌륭해요. 각 재료에 대한 테스트를 마쳤다면 중기 이후부터 가능한 메뉴입니다.

NO EGG

재료

- 고구마 85g
- 물 12ml
- 아스파라거스 20g
- 닭 안심살 20g
- 쌀가루 25g
- 오일 소량

완성

- 약 20개, 1끼 분량

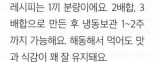

tip 1

레시피는 1끼 분량이에요. 2배합, 3배합으로 만든 후 냉동보관 1~2주까지 가능해요. 해동해서 먹어도 맛과 식감이 꽤 잘 유지돼요.

tip 2

아스파라거스는 일반 아스파라거스, 베이비 아스파라거스 모두 사용 가능해요.

1. 아스파라거스의 껍질을 감자칼로 제거하고, 약 2cm 정도 밑동을 잘라내요.

2. 닭고기 큐브를 해동해요. 큐브가 없다면, 닭 안심살을 손질해 잘게 다져 볶아 준비해요.

3. 아스파라거스와 고구마를 찜기에 쪄요. 익는 시간이 다르기에 고구마 먼저, 아스파라거스 나중에 넣어요.

4. 익힌 고구마를 볼에 담고 으깨요. 익힌 아스파라거스 역시 칼로 잘게 다져요.

5. 고구마가 담긴 볼에 닭 안심살, 아스파라거스, 쌀가루, 물을 모두 넣어요.

6. 포크로 잘 섞으며 고고볼 반죽을 만들어요.

7. 반죽을 100원 동전의 크기로 떼어 에어프라이어 트레이 위에 동그랗게 빚어 올려요.

8. 볼이 약 20개 정도 나왔어요. 오일 스프레이를 골고루 뿌려요.

9. 에어프라이어 160도 10분 구운 후, 골고루 굴려 섞어주고 다시 170도 2~3분 구워요. 완성입니다.

굽기

베이비생선두부랑땡

생선을 잘 먹지 않는 아기가 있다면, 바로 이 레시피를 꼭 따라해 보세요. 으깬 두부가 더해져 고소하고 부드럽게 먹을 수 있거든요. 여러 재료를 조합하고 여러 번 고심하며 만든 레시피라 맛의 조화가 정말 좋아요. 각 재료에 대한 테스트가 끝났다면, 중기 이후부터 가능한 메뉴입니다.

NO EGG

재료

- 대구살 30g
- 두부 80g
- 쌀가루 10g
- 오일 소량

완성

- 약 8~10개, 1~2끼 분량

tip 1

생선을 쓰기 전에는 꼭 손으로 잔가시가 없는지 세심하게 확인해 주세요. 만들어놓은 대구살 큐브가 있다면 사용해도 좋아요.

tip 2

더 부드럽게 먹이고 싶다면, 마지막에 계란물을 입혀 구워도 좋아요.

1. 두부를 양손으로 꽉 잡고 비틀어 최대한 물기를 짜요.

2. 볼에 두부를 넣고, 해동한 대구살 큐브도 넣어요.

3. 쌀가루를 추가하고 장갑 낀 손으로 잘 섞어요.

4. 여러 번 섞고 치대며 반죽을 만들어요.

5. 아기 한입 크기로 반죽을 동글 납작하게 빚어요.

6. 달군 팬에 오일을 소량 두르고, 중약불에 노릇하게 속까지 익혀요. 완성입니다!

베이비미트로프

미국의 대표적인 가정식 메뉴를 베이비 버전으로 만들어 봤어요. 미트로프는 미트볼을 크게 부풀렸다고 생각하면 되는데요. 미국 사람들이 경제적으로 어려운 시절에 고기만으로 배부르게 먹을 수 없어 빵도 넣고, 채소도 넣어 양을 늘린 게 유래라고 해요. 재료를 잘게 갈아서 혹여나 식감 때문에 평소 고기를 안 먹는 아기도 잘 먹을 거예요. 완료기 이후부터 가능한 메뉴입니다.

재료

- 소고기 100g
- 식빵 20g
- 계란 1개
- 양파 30g
- 다진 마늘 5g
- 파슬리가루 1작은술
- 아기치즈 1/2장
- 우유 20ml

완성

- 약 3끼 분량

.... tip ....

반죽이 큰 편이라 속까지 익히는 게
중요해요. 높은 온도로 한 번, 낮은
온도로 다시 한번 굽는 건 바로 이
때문이에요. 기계마다 화력이 다르
니 타지 않게 수시로 확인해 주시고,
다 구운 후에도 기계 안에서 뜸을 들
이면 속까지 익히는 데 도움이 돼요.

1. 소고기, 식빵, 계란, 양파,
아기치즈, 우유, 다진 마늘,
파슬리가루까지 모든 재료를
준비해요.

2. 모든 재료를 믹서에 넣고 윙윙!
잘게 갈아요.

3. 요런 질감의 반죽이 만들어져요.

4. 반죽을 식빵틀에 옮겨 담아요.

5. 에어프라이어에 170도 12분
구운 후 반죽을 뒤집어요. 아래쪽이
위로 가게요.

6. 160도에 5분 더 구워요.
기계 안에서 5~10분 이상
충분히 뜸을 들인 후 빼주세요.
완성입니다!

브로콜리치즈소고기전

치즈 싫어하는 아기는 별로 없더라고요. 좋아하는 치즈에 잘 안 먹는 고기를 더해줬더니 역시나 예상대로 성공입니다! 영양 가득 브로콜리에 쌀가루, 계란, 우유까지 더해서 이번에도 '탄·단·채' 균형감이 훌륭해요. 완료기 이후부터 가능한 메뉴입니다.

- 소고기 30g
- 브로콜리 20g
- 쌀가루 30g
- 계란 1개
- 아기치즈 1장
- 우유 8ml
- 오일 소량

- 약 9~10개, 1끼 분량

1. 잘게 다진 소고기를 달군 팬에 볶아요.

2. 완전히 익힌 소고기를 쟁반에 넓게 펼쳐 한 김 식혀요.

3. 익힌 브로콜리의 줄기를 포크로 으깬 후 잘게 다져요.

4. 준비한 소고기와 브로콜리, 쌀가루, 계란을 볼에 넣고 섞어요.

5. 어느 정도 반죽이 섞이면, 우유를 넣고 다시 섞어요.

6. 달군 팬에 오일을 소량 두르고, 반죽을 동그랗게 숟가락으로 올려요.

7. 중약불을 유지하며 양면 모두 노릇하게 익혀요.

8. 전 위에 치즈를 잘라 올려 잔열로 부드럽게 녹여요. 완성입니다!

부드러운 크림치킨덮밥

제가 가장 좋아하는 부위인 닭다리살을 이용해 사랑이에게 부드러운 덮밥을 만들어주고 싶었어요. 만약 닭 안심살을 잘 안 먹는 아기가 있다면, 야들야들한 닭다리살을 시도해 보기를 추천해요. 사랑이가 후루룩 뚝 딱 잘 먹어준 한 그릇 메뉴랍니다. 완료기 이후부터 먹일 수 있어요.

NO EGG

- 닭다리살 115g
- 브로콜리 30g
- 우유 50g
- 채수 60g
- 파슬리가루 1꼬집
- 치즈 1/2장

완성

- 약 3끼 분량

밥 양은 아기에 맞게 제공해요. 한 끼 분량을 제외한 나머지는 냉장 보관해 주세요. 냉장고에서 2~3일까지 보관 가능해요.

1. 닭다리살을 20분 이상 우유에 담가 잡내를 제거해요.

2. 익힌 브로콜리와 닭다리살을 잘게 잘라요.

3. 달군 팬에 오일을 약간 두르고 닭다리살을 넣어 볶아요.

4. 닭다리살의 겉면이 익을 때쯤 브로콜리도 넣어 함께 볶아요.

5. 우유를 팬의 테두리부터 부어줘요.

6. 바글바글 끓어오를 때 채수를 부어요.

7. 바닥에 들러붙지 않게 잘 저어가며 크림소스를 졸여요.

8. 소스가 자작하게 졸아들면 치즈 반 장을 올려 녹여요.

9. 불을 끄고 파슬리가루를 톡톡 뿌려요.

10. 밥 위에 올려주면 맛있는 크림치킨덮밥 완성입니다.

기
본
식

닭고기비타민밥스틱

사랑이가 한창 핑거푸드에 관심을 보이고 잘 먹을 때, 밥을 스틱 모양으로 빚어 만들어준 메뉴예요. 닭고기를 비롯해 비타민, 양파 등 채소와의 조화가 좋은 별미입니다. 완료기 이후부터 먹일 수 있어요.

NO EGG

재료

- 밥 80g
- 닭고기 30g
- 비타민(줄기 제거 후) 15g
- 양파 20g
- 참기름(혹은 들기름) 1g
- 쌀가루 2g
- 물 5ml
- 오일 소량

완성

- 약 6~7개, 1끼 분량

 tip

밥 양은 아기에 따라, 상황에 따라
조절해 주세요.

1. 닭고기와 양파를 다져서
준비해요. 비타민도 데쳐서
다져둡니다.

2. 달군 팬에 오일을 소량
두르고, 양파를 먼저 볶아요.

3. 양파가 어느 정도
투명해지면, 닭고기를 넣어
볶아요.

4. 닭고기가 어느 정도 익었을
때, 밥과 비타민도 넣어
볶아줍니다.

5. 밥이 잘 볶아지면 참기름을
넣어 고소한 향을 내요.

6. 볶음밥을 볼에 옮겨 담고,
쌀가루를 넣어요.

7. 장갑 낀 손으로 밥을
스틱 모양으로 빚어요.
쌀가루 덕분에 잘 뭉쳐져요.

8. 에어프라이어용 트레이에
밥스틱을 올리고, 오일
스프레이를 골고루 뿌려요.

9. 에어프라이어에 170도 5분,
한 번 굴려주고 170도 3분 더
구우면 완성입니다.

밥태기

· 채 소 안 먹 을 때 ·

채소 안 먹는 아기도 걱정되기는 마찬가지일 거예요. 특히 단독 토핑으로 채소를 먹이다 보면, 고유의 향이나 식감 때문에 외면받는 채소가 생길 거예요. '아, 이건 안 먹는구나' 하고 곧바로 포기하지 말고, 이유식·유아식 시기에 어떻게든 맛있게 먹여보자고요! 저 역시 열심히 찌고 갈고 다지고 숨기고 섞고 굽다 보니 채소 먹이기 요령이 나날이 상승! 채소 편식 없이 뭐든 잘 먹는 사랑이를 기대하게 되었어요. 채소만 골고루 먹어줘도 엄마 마음이 엄청 든든해요.

보들보들 두부채소계란찜

보들보들 두부와 부들부들 계란찜이 만나면? 입에서 살살 녹는 극강의 보드라움이 완성되지요. 중기 때 자주 쓰는 큐브로 뚝딱 만드는 반찬이에요. 단독 토핑을 잘 안 먹거나 거부한다면, 이 메뉴에 도전해 보세요. 각 재료에 대한 테스트를 마친 후라면, 중기부터 먹일 수 있어요.

재료

- 두부 15g
- 당근 15g
- 양파 15g
- 계란 1개
- 물(혹은 육수) 10ml

완성

- 약 1~2회 분량

1. 끓는 물에 두부를 데친 후 2~3mm 크기로 아주 잘게 다져요.

2. 계란의 알끈을 제거하고 포크로 부드럽게 잘 섞어주세요.

3. 당근 큐브와 양파 큐브를 해동하고, 계란과 함께 실리콘용기에 담아요.

4. 물이나 육수를 추가하고 모든 재료를 쉑쉑! 잘 섞어줍니다.

5. 잘게 다진 두부를 계란물에 퐁당! 두부를 나중에 넣어야 으깨지지 않아요.

6. 실리콘 뚜껑을 닫고 전자레인지에 약 2~3분 익혀요. 30초, 1분씩 끊어가며 상태를 체크해요.

7. 자, 영양 가득 보들보들 계란찜 완성입니다.

8. 도마에서 한 김 식힌 후 아기가 먹기 좋은 크기로 썰어서 내요.

감사함당 팬케이크

고소한 감자와 달달한 당근이 만난 팬케이크라니! 마지막에 사과를 다져 얹어주면 '감사함당' 인사가 절로 나와요. 각 재료에 대한 테스트를 마쳤다면 중기부터 가능한 메뉴입니다. 입자감 크기는 아기에 맞게 조절해 주세요.

재료

- 감자 30g
- 당근 30g
- 계란 1개
- 쌀가루 10g
- 사과 소량
- 오일 소량

완성

- 약 1~2회 분량

························ **tip** ············

재료를 잘 익히는 게 중요한 시기입니다. 아삭한 식감이 남아 있으면 아기가 잘 안 먹기도 하고요. 몇 가지 방법이 있어요. 팬케이크로 굽기 전 감자와 당근을 미리 볶아 준비해요. 혹은 팬케이크를 구운 후 불을 끄고 뚜껑을 덮어 잔열로 감자와 당근을 속까지 익혀도 돼요. 미리 만들어둔 큐브가 있다면 활용하는 것도 편한 방법입니다.

1. 감자와 당근을 1~2mm 크기로 아주 잘게 다져요. 만약 감자, 당근 큐브가 있다면 해동해 주세요.

2. 계란은 알끈을 제거한 후 잘 섞어 준비해요.

3. 준비한 감자, 당근, 계란을 비롯해 쌀가루까지 볼에 담아요.

4. 모든 재료를 뭉침 없이 잘 섞어줘요.

5. 팬에 오일을 소량 두르고, 반죽을 동그랗게 올려 익혀요.

6. 앞뒤 모두 노릇하게 익으면 완성! 사과를 잘게 다져 올리면 맛의 조화가 좋아요.

팽이슬팬케이크

정말 바쁠 때 팽이버섯 잘게 다져 호다닥 만들 수 있는 메뉴예요. 조리 과정은 너무 간편한데, 팽이버섯이
입안에서 이슬처럼 토도톡 부드럽게 터지는 식감이 재미있어요. 죽이나 밥과 함께 반찬으로 먹기 좋답니다.
각 재료에 대한 테스트를 마쳤다면 중기부터 가능하지만, 사진보다 더 작게 잘라주셔야 해요.

재료

- 팽이버섯 35g
- 계란 1개
- 분유물(혹은 우유) 20ml
- 파슬리가루 1꼬집
- 오일 소량

완성

- 약 1~2회 분량

tip

돌이 지나면 분유물을 우유로 바꿔
조리해 주세요.

1. 팽이버섯을 흐르는 찬물에
   헹구고 잘게 다져요.

2. 알끈을 제거한 계란을 볼에
   넣어 잘 풀어요.

3. 분유물을 부어 계란과 함께
   섞어요.

4. 달군 팬에 오일을 소량
   두르고, 팽이버섯을 볶아요.

5. 팽이버섯이 노릇하게
   볶아지면, 팬에 골고루
   펴줘요.

6. 준비한 계란물을 팽이버섯
   위에 부어요.

7. 약불로 은은하게 앞뒤
   노릇하게 익혀요.

8. 마무리로 파슬리가루 톡톡!
   아기가 먹기 좋은 크기로
   잘라 제공해요.

후기

스팀소프트전

채소를 익혀 말랑말랑 부드럽게 해서 조리하면, 확실히 채소 싫어하는 아기도 잘 먹어요. 당근과 애호박을
스팀으로 부드럽게 쪄서 계란전으로 부친 간단한 반찬입니다. 후기부터 먹일 수 있는 메뉴예요.

- 당근 30g
- 애호박 30g
- 계란 1개
- 물 15ml
- 깨 1작은술
- 오일 소량

완성

- 약 1~2회 분량

애호박의 껍질을 감자칼로 제거한 후 조리하면, 좀 더 식감이 부드러워 요. 채소를 심하게 가리는 아기라면, 사소한 부분에도 민감할 수 있어요. 이런저런 작은 시도로 아기의 입맛 을 찾아봐요!

1. 당근과 애호박을 채 쳐서 준비한 후, 당근과 물 15ml를 실리콘용기에 담아요.

2. 실리콘 뚜껑을 덮어 전자레인지에 30초씩 2번 돌리면, 당근이 어느 정도 익어요.

3. 애호박을 추가해 담고 실리콘 뚜껑을 덮어 전자레인지에 30초씩 2번 더 돌려요.

4. 익힌 당근과 애호박을 볼에 담고, 알끈을 제거한 계란을 섞은 후 담아요.

5. 깨를 빻아 준비해요. 그냥 넣을 때보다 고소한 향이 진해져요.

6. 재료를 담은 볼에 빻은 깨를 넣고 잘 섞어요.

7. 달군 팬에 오일을 소량 두르고, 반죽을 동그랗게 올려 중약불에 익혀요.

8. 양면 모두 노릇하게 익으면 완성입니다.

파프리카수제소시지

파프리카는 특유의 향 때문에 싫어하는 아기들이 많아요. 하지만 요렇게 수제소시지 안에 쏙 넣어주면 새로운 맛과 식감에 호기심이 생길지도 몰라요. 편식하지 않는 아기를 위해 오늘도 노력해 봐요! 완료기 이후부터 가능한 메뉴입니다.

재료

- 닭안심 200g
- 파프리카 20g
- 양파 45g
- 계란 1개
- 쌀가루 30g
- 마늘 3g
- 레몬즙 2g
- 아가베시럽 3g
- 시나몬파우더 1꼬집

완성

- 약 7~8개, 5~6회 분량

 tip

완성한 소시지는 약 1~2주간 냉동 보관 가능해요.

1. 닭안심의 힘줄과 근막을 제거하고, 우유에 20분 이상 담가 잡내를 제거해요.

2. 닭안심, 파프리카, 양파, 계란, 쌀가루, 마늘, 레몬즙, 아가베시럽을 초퍼에 넣고 시나몬파우더까지 톡톡!

3. 모든 재료를 초퍼에 넣고 갈면, 마치 어묵 반죽 같은 요런 질감이 됩니다.

4. 장갑 낀 손으로 적당한 양만큼 반죽을 떠요.

5. 한 손으로 다른 손바닥을 긁어 올리며 길쭉한 모양의 반죽을 만들어요.

6. 소시지 반죽을 찜기에 올려요. 뚜껑을 덮고 약 20분 이상 쪄요.

7. 자, 익었는지 볼까요? 투명한 색에서 하얀색으로 변했어요. 3분 더 뜸 들일게요!

8. 파프리카소시지 완성입니다! 아기가 먹기 좋게 잘라서 제공해요.

찜 더 기

베이비수제크로켓

저는 돈가스를 시킬 때 항상 크로켓도 같이 시켜 먹는데요. 맛있게 먹다 보니 '아! 사랑이에게도 해주고 싶다'는 생각이 들어서 건강하게 만든 레시피예요. 양파, 당근, 버섯을 잘게 다져 넣어 채소를 골고루 맛있게 먹일 수 있어요. 완료기부터 가능한 메뉴입니다.

재료

- 감자 80g
- 양파 15g
- 당근 15g
- 양송이버섯 15g
- 우유 10ml
- 빵가루 30g
- 오일 소량

완성

- 약 15~17개, 1~2회 분량

tip 1

베이비수제크로켓은 시간이 지나면 눅눅해질 수 있어 되도록 당일에 맛있게 섭취하기를 권해요.

tip 2

베이비습식빵가루(p.284)를 사용하고, 베이비이지케첩(p.400)에 찍어 먹으면 더 맛있어요.

1. 양파, 당근, 버섯을 잘게 다져요. 다지기를 사용하면 편해요.

2. 달군 팬에 오일을 소량 두르고 양파, 당근, 버섯을 볶아요.

3. 푹 익힌 감자를 덩어리 없이 으깨요.

4. 으깬 감자 위에 볶은 채소를 부어 잘 섞어요.

5. 우유를 부어 다시 한번 부드럽게 섞어요.

6. 뭉침 없이 고루 섞은 후 크로켓 반죽을 동그랗게 빚어요.

7. 넓은 트레이에 빵가루를 펴고 반죽을 굴려가며 묻혀요.

8. 오일 스프레이를 골고루 뿌린 후 에어프라이어에 160도 10분 익혀요. 완성입니다!

건강 CCA빵

당근(Carrot)과 양배추(Cabbage)와 사과(Apple)를 갈아 먹는 건강주스가 열풍이죠! 이 세 가지 채소를 더해 완성한 최고의 건강빵입니다. 완료기부터 먹일 수 있는 메뉴입니다.

- 양배추 40g
- 당근 40g
- 사과 40g
- 오트밀 30g
- 우유 45ml
- 계란 1개
- 오일 소량
- 아가베시럽 3g(선택)

완성

- 1끼 분량

.... tip ....

전자레인지에서 빵을 익힌 후 에어
프라이어에 한 번 더 굽는 이유는
쫀득한 식감이 완성되기 때문이에
요. 작은 노력이 맛의 차이를 만들
거든요. 시간이 없을 땐 생략해도
시폰 케이크같이 부드러워요.

1. 양배추, 당근, 사과, 우유, 계란,
   오트밀을 초퍼에 넣고 갈아요.
   원한다면 아가베시럽도 이때
   넣어요.

2. 반죽을 전자레인지용 실리콘
   용기에 부어요. 용기를 잡고
   탕탕 바닥으로 내리쳐서 반죽을
   고르게 해요.

3. 실리콘 뚜껑을 덮어 전자레인지에
   3분 30초~4분간 돌려요. 중간중간
   끊어가며 상태를 확인해요.

4. 빵이 익으면 용기를 뒤집어 도마에
   빼낸 후 한 김 식혀요.

5. 아기가 먹기 좋은 스틱 모양으로
   잘라요. 저는 10등분 했어요.

6. 트레이에 빵을 올리고
   오일 스프레이를 뿌린 후
   에어프라이어 160도 3분 더
   구워요. 완성입니다!

그린오렌지브레드

오렌지가 들어간 빵은 아니고요. 색감이 그린과 오렌지로 너무 예뻐서 지은 이름이에요! 몸에 좋은 든든한 영양소가 알록달록한 색감처럼 콕콕 박힌 건강빵이에요. 재료에 대한 테스트가 끝났다면, 후기부터 가능한 메뉴입니다.

NO EGG

재료

- 당근 20g
- 시금치(줄기 제거 후) 17g
- 바나나 1개
- 오트밀 30g
- 요거트 30g

완성

- 1끼 분량

tip

꾸덕한 그릭요거트가 아니라 주르륵 흐르는 아기요거트를 사용했어요.

1. 당근, 시금치, 바나나, 오트밀, 요거트를 모두 초퍼에 넣고 갈아요.

2. 반죽을 전자레인지용 실리콘 용기에 부어요.

3. 용기를 잡고 탕탕 바닥으로 내리쳐서 반죽을 고르게 해요. 공기가 빠지며 반죽이 평탄화돼요.

4. 실리콘 뚜껑을 덮어 전자레인지에 3분 30초~4분간 돌려요. 중간중간 끊어가며 상태를 확인해요.

5. 빵이 익으면 용기를 뒤집어 빼낸 후 도마에서 한 김 식혀요.

6. 아기가 먹기 좋은 스틱 모양으로 잘라 제공해요.

후기

베이비후렌치피자

탄수화물, 비타민, 섬유질까지 영양 가득한 뿌리채소인 고구마! 그런데 다소 퍽퍽한 식감 때문에 싫어하는 아기가 있다면, 이 후렌치피자를 먹여보세요. 후렌치파이와 꼭 닮은 이 메뉴는 촉촉한 토마토소스와 쫀쫀한 치즈가 더해져 최고의 맛을 선사합니다! 후기 이후부터 가능한 메뉴입니다.

NO EGG

재료

- 고구마 100g
- 쌀가루 50g
- 토마토수프(소스) 50g
- 아기치즈 1장
- 오일 소량

완성

- 약 2회 분량

······ (**tip**) ······

피자에 사용한 토마토소스는 바로 p.338의 베이비토마토수프예요. 토마토수프를 만든 날에 피자도 만들면 딱 좋겠죠?

1. 푹 익힌 고구마를 볼에 넣고 으깨요.

2. 쌀가루를 부어요.

3. 장갑 낀 손으로 고구마와 쌀가루를 잘 섞어요.

4. 치대고 뭉치며 반죽을 만들어요. 이 반죽이 피자의 도우가 돼요.

5. 반죽을 밀대로 밀어서 직사각 모양의 고른 높이로 넓게 펴요.

6. 중간중간 직사각형 모양을 잘 잡아요.

7. 아기가 먹기 좋은 간격으로 잘라요. 저는 12등분 했어요.

8. 손가락으로 가운데를 꾹 눌러 홈을 파요.

9. 토마토수프를 소스로 사용할 거예요. 소스를 예쁘게 올려요.

10. 아기치즈를 12등분으로 잘라 그 위에 하나씩 올려요.

11. 에어프라이어용 트레이에 올리고 오일 스프레이를 골고루 뿌려요.

12. 에어프라이어 160도 10분 구워주면 후렌치피자 완성입니다. 꺼낸 후 10분 이상 실온에 식혀주세요.

베이비이지케첩

간을 최대한 늦게 하다 보니 아기 반찬은 좀 밋밋하게 느껴질 수 있는데요. 글쎄, 케첩 뿌리니까 다 맛있어지는 거 아시죠? 방부제 1도 없이 천연 케첩을 만들고 싶어 여러 차례 실패 끝에 마침내 찾아낸 황금비율 레시피입니다. 전분이나 다른 재료를 넣지 않고 농도 있게 케첩을 완성할 수 있어요. 완료기 이후부터 사용해 주세요.

NO EGG

재료

- 완숙 토마토 180g(1개)
- 아가베시럽 10g
- 레몬즙 5g
- 식초 5g

완성

- 약 150g

············(tip 1)············

냉장 보관 3~4일, 냉동 보관 1~2주 가능해요.

············(tip 2)············

저는 되도록 입자감을 느끼게 하고 싶어 초기 때도 체를 사용하지 않았는데요. 케첩은 사르르 녹는 느낌을 내고 싶어 체를 사용했어요. 없다면 생략해도 좋지만, 이 레시피에서는 한 번 써보시길 추천해요.

1. 토마토에 십자 칼집을 내서 끓는 물에 2~3분가량 익혀요.

2. 토마토의 껍질을 벗겨 제거해요.

3. 꼭지와 심 부분을 칼로 도려내고, 갈기 좋게 4등분해요.

4. 초퍼에 토마토와 아가베시럽을 넣고 곱게 갈아요.

5. 스패츌러로 눌러가며 체에 내려요.

6. 냄비에 부어 끓여요. 한 번 끓어오르면, 식초와 레몬즙을 함께 섞어준 후 넣어요.

7. 약 10분간 바글바글 끓여요. 바닥에 들러붙지 않도록 저어가며 졸여요.

8. 점차 농도가 걸쭉해져요. 10분에 가까워지면 이런 점성이 됩니다.

9. 보관 용기에 옮겨 담아 열기를 식힌 후 냉장, 또는 냉동 보관해요.

'사랑'을 담은 후회 없는 책

책을 다 썼다는 게 믿어지지 않네요. 이날이 온 게 꼭 꿈 같아요. 인생에서 가장 치열했던 시기가 언제냐고 묻는다면, 책을 쓰고 만들었던 지난 1년여의 시간이 아닐까 싶습니다.

책을 쓰면서 내면이 단단해진 느낌이에요. 책을 쓴다는 것 자체가 출판사와의 약속, 동지들과의 약속, 가족들과의 약속 그리고 무엇보다 나와의 약속이었어요. 그 약속을 지키고 싶은 마음 하나로 치열하게 달렸어요. 가장 맛있는 비율을 찾기 위해 시도하고 또 시도했던 이유식·유아식 레시피들, 겨우 사랑이를 재우고 잠과의 사투를 벌이며 글을 쓰다가 새벽을 맞이하던 순간들, 친정엄마에게 사랑이를 맡기고 하루 15시간씩 강행했던 스튜디오 사진 촬영까지… 과정 하나하나를 밟아나가며 인생의 계단을 오른 느낌입니다.

'원고를 쓴 시간이 힘들어? 스튜디오 촬영이 힘들어?' 이 질문에 대한 답은 바로 '무승부!'입니다. 한 문장을 쓰기 위해 그 열 배, 스무 배에 달하는 글을 읽고 정보를 수집해야 했어요. 글이 잘 안 풀릴 땐 길고 어두운 터널에 갇힌 기분이 들었어요. 예상일을 훌쩍 넘겨 강행군을 이어가던 스튜디오 촬영도 극한의 체력 싸움이었어요. 빨갛게 충혈된 눈과 통통 부어오른 발로 레시피 하나라도 더 담기 위해 마지막 힘까지 쥐어짜 냈어요. 발에 실핏줄이 터지면 벌에 쏘인 듯한 극심한 통증이 있다는 것도 그때 처음 알았어요. 이 책을 한마디로 요약하면 '사랑을 담은 후회 없는 책!'입니다. 20대 청춘의 마지막 열정을 다 쏟아부은 것 같아요.

너무 힘겨워서 주저앉고 싶을 때, 옆에서 저를 도와주고 응원해 주신 분들이 계셨어요. 매일 동지들이 보내주신 응원 메시지를 하나하나 읽으면서 새벽 촬영장 가는 길마다 힘을 냈어요. 스튜디오에 도착하면 저보다 더 일찍 나와 소품, 재료, 장비 다 세팅해 놓고 기다려주신 스태프들이 계셔서 제가 감히 포기할 수 없었어요.

스타일링 하나하나 세심하고 감각 있게, 뭐 하나 대충 넘어가는 법이 없었던 푸드 스타일리스트 조윤희 실장님께 감사드려요. 촬영이 물 흐르듯 흘러가게 묵묵히 재료 손질 해주시고 꼼꼼히 레시피 체크해 주신 김주영 팀장님께도 감사 인사를 전해요. 촬영장에서 처음 이렇게 클라이언트와 대화하고, 편하게 웃어봤다고 말씀해 주신 게 기억에 남고 힘이 됐어요. 긴 촬영 시간 동안 한 번도 얼굴 찌푸리지 않고 호탕하게 웃으며 촬영장의 기둥이 되어주신 천재 사진가 이원재 실장님께 깊은 감사를 드려요. 덕분에 이렇게 사진 퀄리티 좋은 책이 탄생했어요.

책 처음부터 끝까지 세상 꼼꼼하게 영양 감수 해주시고, 질문 폭탄 쏟아내도 일일이 답변 다 해주신 조은지 영양사님께 진심으로 감사드려요. 매 파트 나올 때마다 감탄을 거듭할 만큼 디자인 예쁘게 뽑아주신 문성미 실장님께 손 많이 가는 책 맡아주셔서 너무 감사하다고 말씀드리고 싶어요. 이 책이 세상에 나올 수 있도록 밤낮으로 누구보다 애써주신 우주 최강 에디터 최혜진 대표님께도 진심과 감동과 감사를 전해요. 좋은 꿈을 꾸다 보니 좋은 사람을 만나는 경험을 했어요.

원고 쓰다가 딴 길로 샐 때마다 휴대폰 뺏고 마감 채찍질해 준 우리 남편 정말 고맙고 사랑합니다. 책 쓸 수 있는 최고의 기회를 엄마에게 선사해 준 우리 딸 사랑이 세상 누구보다 사랑해요. 책 촬영, 미팅할 때마다 사랑이 봐주고 즐겁게 놀아준 친정엄마에게 깊은 감사와 사랑을 전해요. 마지막으로 이 모든 과정을 동행해 주시고 늘 함께해 주시는 하나님께 감사드립니다.

"하은님, 포케볼 진짜 밥태기 극복이에요. 너무너무 감사해요. 이유식을 너무 안 먹는 아기라 해줬는데 정말 잘 먹어요!"

"육아만도 힘든데 책 출간까지! 그동안 얼마나 노력하고 힘드셨을지ㅠㅠ 진짜 진짜 고생 많으셨어요♥"

"요즘 애기가 유아식 밥태기가 왔는데 하은님 인스타 보면서 책이 빨리 나왔으면… 절실한 1인입니다. 책 출간하면 1등 구매합니다. 오늘 하루도 고생하셨어요. 푹 쉬세요."

"진짜! 에너지 넘치셔! 정말 빡센 일정인 것 같은데 너무 멋져요. 오늘도 고생하셨어요. 얼른 집 가서 요기하시고 씻고 푹 주무세요."

"하은님 요 며칠 내내 고생하시네요. 책 나오면 무조건 삽니다. 푹 쉬고 얼른 주무세요."

"아이구, 하은님 언제 쉬세요. 책 만드는 게 이렇게 힘든지 몰랐네요. 몸도 잘 챙기면서 일하고 계신 거죠? 밤새 원고 쓰고, 몇 날 며칠 촬영하시고, 거기다 이벤트까지… 진심 걱정되어요."

"어서 자요. 촬영하느라 몸이 축날까 봐 걱정이네요. 틈틈이 좀 쉬어가면서 해요. 무슨 일을 하든 건강해야 해요."

"하은님, 어제 간호사 국가고시 본 학생입니다. 사랑이 커 가는 것을 보면서 정말 좋아하고 응원하고 있는 팬입니다. 다름이 아니라 아동간호학 문제에서 이유식 관련 문제가 나왔는데, 사랑이 밥태기 레시피가 생각난 덕분에 맞았습니다. 이 기쁨을 전하고 싶어 연락 남겨봅니다. 이제 시험도 끝났으니 덕질을 열심히 해보렵니다."

"하은님 책 기대돼요. 어서 나와라!"

"기대되네요. 얼른 출판되었으면 좋겠네요. 사랑맘 오늘도 고생했어요!"

"정성이 담긴 책이라는 게 느껴져서 얼른 구매하고 싶은 마음뿐입니다. 언제쯤 나올까요?"

"진짜 경험을 바탕으로 진심을 담아 만든 책이라는 게 느껴져요. 육아하며 정말 대단한 일 이루셨고, 앞으로 이뤄 나가실 것을 기대합니다. 맛난 거 드시고 오늘은 푹 주무시길!"

"정말 수고하셨어요. 영상으로 올려주신 레시피 하나하나 주옥같아요♥ 동지가 기다리겠습니다. 오늘은 일찍 푹 쉬세요."

"하은님, 너무 고생 많이 하셨어요. 스토리로 매번 보는 거지만 늦은 새벽까지 원고 쓰시고, 아침 되면 어김없이 육아 출근이라니! 저라면 절대 못 했을 거예요. 하은님이 동지들 생각해서 열심히 쓰고 계신 게 정말 대단하고 감사드려요. 이유식 책 출간하면 꼭 사서 구매 인증할게요♥"

사랑 이유식·유아식

© 김하은 · 김환 2024

초판 1쇄 인쇄 2024년 4월 8일
초판 1쇄 발행 2024년 4월 15일

지은이.　　　　김하은 · 김환
펴낸이.　　　　최혜진

영양감수.　　　조은지
기획편집.　　　최혜진
사진.　　　　　이원재(봄스튜디오)
푸드스타일링.　조윤희 · 김주영(레시피스튜디오), 김하은
디자인.　　　　날마다작업실
레시피감수.　　김사랑

펴낸곳.　　　　온포인트
출판등록.　　　제2023-000090호
주소.　　　　　서울시 금천구 디지털로9길 65 백상스타타워1차 203호
전화.　　　　　070-7514-3546
메일.　　　　　onpoint-books@naver.com
인스타그램.　　@onpoint_books

ISBN　　　　　979-11-985162-2-0　　13590
